La cité des hommes, jadis une enclave à l'intérieur du monde non humain, se répand sur la totalité de la nature terrestre et usurpe sa place.

[...]

Un appel muet qu'on préserve son intégrité semble émaner de la plénitude du monde de la vie, là où elle est menacée.

HANS JONAS,
Le Principe de responsabilité.

Avant de m'asseoir pour consigner cette histoire, je l'ai vécue. J'ai vu se lever l'activiste et croître sa détermination. Que pourrais-je faire? se demande un homme qui contemple un désastre, et c'est le commencement des miracles. J'ai suivi pareil homme, refoulé pareille colère, rêvé pareil renouveau : j'apercevais le même désastre.

Avant de revenir dans la chambre de mon enfance, dans la maison de ma mère, à K, j'ai vu le monde. J'ai couru les océans sans loi, ces pâturages liquides pour lesquels je n'étais pas fabriqué. Je ne m'y trompais pas, l'homme appartient à la terre, les eaux vivantes n'ont pas besoin de lui. J'avais pourtant besoin d'elles, comme on désire l'éternité au lieu de la mort, le ciel au lieu de l'enfermement, et sentir au lieu de penser.

J'ai réclamé les eaux profondes, j'ai respiré leur haleine salée, scruté les ténèbres de leurs nuits immenses. J'ai fréquenté l'esprit des flots. J'ai appris leur géographie et leur langage. Les courants et les vents ont livré pour moi leurs secrets : toute la circulation du froid et du chaud entre les pôles et ce grand foyer électrique qu'est l'équateur. J'ai imaginé ces fondations du monde à travers les millions d'années : leurs épilepsies, leurs accalmies, le long mariage de l'océan primordial et de ses rivages. Tout avait commencé là. Les mini-météorites, tombées de l'espace dans ce bain originel, avaient apporté les acides aminés, robots minuscules capables de se répliquer. Parfois une erreur survenait : une nouvelle forme apparaissait. La diversité était en route. Notre monde se composait, fabuleux, inconcevable, à couper le souffle. J'ai bu sa splendeur comme un cordial. J'ai reçu les frissons, les inquiétudes, les ivresses, les joies. La haute mer surpasse la terre dans les impressions qu'elle suscite. Peur, liberté, émerveillement ont dans cet inhabité aussi peu de limites que l'air, l'eau ou le temps. Je me suis abandonné aux heures et aux lieux. J'ai atteint les confins de notre espace. J'ai contemplé la beauté des mers circumpolaires où vivent ceux des animaux qui aiment se tenir éloignés des hommes. Je me suis éloigné avec eux, et aux questions de ma raison j'ai ajouté les questions de ma rêverie.

J'ai vu des murailles, des arcades, des fosses, des blocs de brume, des jambages de nuées, des trombes, des cataractes. J'ai contemplé des eaux turquoise et des couronnes de verdure, des archipels volcaniques, des épaisseurs de neige, des effondrements de parois, des réverbérations miraculeuses, des labyrinthes et des châteaux de glace. J'ai vu les veinures bleues dans les faces des grands icebergs, là où l'eau s'apâlit autour de ce qu'elle couvre. J'ai deviné l'étreinte mortelle de la banquise en hiver, j'ai senti sa présence d'obstacle. J'ai connu la surprise des harmonies australes, la lune jaune et l'océan comme de l'argent fondu, le ciel rose comme une fleur de fuchsia.

J'ai écouté des souffles, des murmures, des plaintes, des passages d'oiseaux, des sauts, des plongées, des chants nuptiaux. Je me suis inscrit dans le mouvement fluide des créatures de ces lieux. J'ai filmé des chevauchées, des cabrioles, des caresses et des dévorations. J'ai envié les iguanes marins réchauffant leur peau hérissée à la chaleur des roches. J'ai applaudi la course des manchots, noir et blanc comme des pies, semblables à des torpilles vivantes dont les bonds surfilaient l'eau. J'ai fait silence, j'ai retenu mon souffle à l'apparition des baleines. J'ai senti la puissance du dauphin dans la valse éternelle de l'eau et la densité de sa chair musculeuse sous le lustre gris de sa peau. La vitesse faisait partie de lui comme la pensée faisait partie de l'homme. J'étais un être cérébral. Je me découvrais dans ce contrepoint. J'ai admiré ces aptitudes que je ne possédais pas. J'ai rêvé des cachalots qui remontent des profondeurs, verticaux comme des plongeurs. J'écoutais le grincement de leurs dents. J'ai suivi jusqu'à l'horizon le vol des pétrels et leur hennissement m'a saisi. J'ai vu la vie habiter toutes les formes, s'accomplir et se transmettre à travers elles, tenace, résistante, sauvage, et mourir les individus qui l'enfermaient.

J'ai cherché les grands poissons, les mérous géants, les espadons, les requins monstrueux. Ils avaient disparu. J'ai regardé la mer intouchée et la mer épuisée. Au cœur du Pacifique, dans le nœud de ses courants vers le nord, j'ai filmé la grande décharge du monde : sur trente mètres de profondeur un continent de plastique, sacs, bidons, bouteilles, de toutes les marques, dans toutes les langues et de toutes les couleurs. Jusque dans ses espaces inatteignables, le globe terrestre devenait l'égout des hommes. J'ai recherché le vide et le silence, je fuyais ce monde en croissance. J'ai pisté ses destructeurs. J'ai traversé les sanctuaires et poursuivi les braconniers. J'ai vu la violence de l'homme industriel se jeter sur la richesse des mers, ses mains de fer mettre à mort les plus gros, les plus rapides, les plus formidables prédateurs. J'ai vu les grands chaluts ramasser en aveugle une faune inconnue. J'ai su de quoi les humains sont capables. J'ai redouté ce qu'ils font quand ils se savent invisibles, en haute mer, sur la banquise, dans le face-à-face sans mot avec les bêtes à leur merci. J'ai combattu l'horreur : les tueries, les mutilations, les dépeçages, l'entassement des cadavres. J'ai vu mourir noyées dans leur sang des baleines qui criaient comme des femmes. On nous disait qu'elles n'avaient ni âme ni langage. Leur conscience d'elles-mêmes traversait l'onde et vrillait mes oreilles. Ces proies inoffensives et tendres, je ne doutais pas qu'elles eussent une intériorité. Je connus leur valeur et leur fragilité. Nous leur devions une protection. Loin sur l'eau, dans les immensités sans côtes ni havres, à écouter la voix du vent, à regarder le lent gonflement des vagues, ou bien la mer couchée que la tempête met debout, je me suis senti à la fois insignifiant et responsable. Quel usage faisions-nous du monde ? La question s'est levée comme une vague qui m'a submergé.

Avant de consigner par écrit cette histoire, je l'ai filmée, close et tragique : les patiences et les attentes, les longs appareillages, la peine et l'ennui, la quête et le découragement, la bataille et la victoire, le danger, la peur et la chute. Je suis peut-être le témoin d'un meurtre. Je détiens des images. Les polices du monde austral me recherchent-elles ? La grande mafia d'Asie me traque-t-elle ? Je suis dans la maison de ma mère à K. Côtes de Norvège. Qui viendrait me chercher là ? Je suis le petit-fils d'un fameux harponneur. Je porte son nom et le même prénom. Quel meilleur camouflage ? J'attends celui qui me trouverait. L'énergie du combat ne doit pas s'éteindre. J'ai conservé tant de tristesse. Ma mémoire obstinée est émue. Je voudrais ne rien oublier. Je pense à ce qui s'est passé. Qu'y a-t-il de différent à l'écrire ? Je serai dans mes phrases, je choisirai chaque mot, tandis que les films ne capturent que le fait visible et le présent. Je remonterai le cours des choses, je révélerai les corruptions, les infamies. J'éclairerai la prédation du monde, l'arrogance et la cruauté des hommes, leur insatiable cupidité. La mer est trop magnanime. Que fait-elle ? me suis-je souvent demandé. Pourquoi les vagues ne se cabrent-elles pas ? Pourquoi n'envoient-elles pas par le fond tous les navires hors la loi qui la violent ? Nous avons poursuivi les chasseurs pirates, les tueurs, ces bandits qui rejetaient vivants les requins mutilés, les tortues asphyxiées par les filets, les oiseaux aux ailes brisées. Ils nous ont envoyé leurs sbires. Au moment de commencer ce récit, épopée d'un homme convaincu, je n'aurai pas la pudeur de l'océan qui engloutit les crimes, je ne serai pas l'eau dans laquelle se disperse le sang versé. Je ferai appel à tout mon mauvais caractère.

Gérald Asmussen,
caméraman à bord de l'*Arrowhead*,
septième campagne antarctique.

1

D'abord j'entendis parler de Wallace.

Il avait déjà un nom pour beaucoup de gens et, chez ceux qui intriguaient dans la défense de l'environnement – je ne mis pas longtemps à m'en apercevoir –, c'était le nom d'un empêcheur de tourner en rond. Il nous fatigue avec ses vociférations, se plaignaient les officiels qui le jugeaient bêtement brutal. C'est un radoteur ! Et qui donne des leçons. Que croit-il que nous fassions, bayer aux corneilles ? Wallace était le justicier inamovible et gênant que l'on discréditait. Il était le fauteur de troubles qui tombait comme un aérolithe dans un combat codifié dont il fracassait les règles – ou les politesses – pour ne garder que les objectifs. On ne le voulait pas, si zélé, dans la confrérie. Le milieu l'avait dans le collimateur parce qu'il allait trop loin. Mais si sa cause était juste ? pensais-je, et me rappelant combien il est simple de défaire ou de tacher l'image d'un homme.

Un jour vint où moi-même au cours d'un reportage, parce que ce fait d'armes m'avait impressionné, j'évoquai l'affaire du *Léviathan*, ce bateau de pêche pirate éperonné au large des Açores des années plus tôt. Je vis se désunir le visage de l'homme qui l'instant d'avant m'accordait un entretien courtois sur les orientations de l'action écologique. Il était une sorte de numéro un mondial dans ce combat. Je venais d'entrer dans une autre dimension de son monde. Une corde en lui se tendit. L'empressement de sa réponse me révéla l'ébranlement du dignitaire. Le rebelle des mouvements écologistes était-il sa bête noire ? On l'aurait dit. À la courtoisie fade succéda une véhémence mal masquée, que j'interrompais parfois d'une simple remarque, et qui se rechargeait, comme une batterie, à chacune de mes réflexions.

— Ce capitaine qui coule les baleiniers, est-ce que je le connais ? Bien sûr ! Je ne connais que lui ! Vous voulez que je vous parle de Magnus Wallace ? Vous ne le connaissez pas ?

Il s'interrompit une seconde, sembla chercher le mot qui résumait le mieux l'homme, le trouva immédiatement, sans hésitation.

— Un fou. Un crétin dangereux. Un forcené de qui l'on peut s'attendre à tout. Qui ne respecte rien. Qui fait du tort au mouvement. Voilà ce que j'en pense. Et je déplore d'être sûr que rien ne l'arrêtera.

Il sembla penser à ce qu'il avait vu ou entendu.

— Comment peut-il se montrer si catégorique ?! C'est extraordinaire ! Ce monsieur Wallace est bien le seul à savoir ce qui se passera dans dix ans. Chaque fois que je l'entends parler à la radio, j'ai l'impression d'écouter un insensé.

Et comme je lui rappelai leur premier engagement commun, il me dit :

— Oui, c'est exact, nous partagions autrefois les mêmes idéaux. Mais Wallace est devenu une vedette. Une sorte de gourou misanthrope. Je suppose que c'est ce qu'il cherchait. Son arrogance n'a plus de limite. Je l'ai connu quand il avait dix-huit ans. C'était déjà une sacrée caboche, plus dure que le bois.

Et là-dessus, ce président qui faisait une belle carrière décida qu'il n'avait plus rien de commun avec celui dont nous parlions. Sa voix monta d'un ton pour me contredire :

— Le plus jeune membre fondateur ? Ah non ! Wallace n'a pas fondé Noé ! Il a rejoint l'équipe, à laquelle il ne s'est jamais intégré. Vous n'êtes pas sans savoir qu'il a un caractère de cochon. Et c'est peu dire, je vous assure.

Que s'est-il passé avec lui ? Nous avons divergé quand il s'est agi de choisir les moyens. Il voulait la guerre, nous voulions la conciliation. Alors il a quitté Noé et créé Gaïa pour n'en faire qu'à sa tête. Pensez qu'il éperonne des navires en plein Antarctique ! Il fait des désastres. Aucun gouvernement ne lui donne jamais les coordonnées d'une flotte de pêche…

Les faits ne mentent pas et cependant nous sommes capables de réécrire ceux qui nous sont insupportables. Le déni de réalité existe bel et bien. Jamais je ne l'oublie quand je mène un entretien, j'attends, j'essaie de ressentir quelque chose que les mots ne disent pas. Je ne connaissais pas toute la vie de Wallace. Sûr de rien, à la fois sceptique et réservé, suscitant les réponses, j'écoutais simplement un homme qui me parlait d'un autre.

— Efficace, dites-vous ? m'objecta le président. Permettez-moi d'en douter. Les actions coups de poing de Gaïa font plus de tort que de bien à l'avancée de nos idées. Le recours à la violence est une erreur autant morale que tactique. L'extrémisme est contre-productif. Wallace construit une image imbécile du militant écologiste. On le tient désormais pour obtus, brutal, ennemi du genre humain. Savez-vous que l'on me parle souvent de Magnus Wallace ? Vous seriez étonné de son taux d'échec. Il fait peur au lieu de faire réfléchir. Il met en fureur au lieu d'amadouer. Par sa faute, toute négociation est vouée à l'échec. Il a fait capoter des tentatives de moratoire qui auraient mis le sanctuaire austral à l'abri. En échange de quelques libertés dans le Pacifique… Il n'a rien voulu céder, nous avons tout perdu. C'est une histoire parmi tant d'autres. Wallace est le contraire d'un esprit diplomate. Il n'est même pas manipulateur ! Il indispose ses interlocuteurs. Il les agresse. Vous comprenez ce que je veux dire. Je suis étonné que vous ayez entendu le contraire. Croyez-vous donc qu'il ait tant d'admirateurs ?!

Il me regarda tout à coup dans les yeux comme s'il m'y cherchait.

— Dois-je deviner que je parle à l'un d'eux ?

— Je ne connais pas personnellement le capitaine Wallace, répondis-je, mais les remous qu'il fait signalent une belle personnalité, et beaucoup de gens paraissent l'adorer, non ?

Le secrétaire général de Noé ne me répondit pas. Il se refusait à faire le moindre compliment à cet extrémiste trop tonique. Il regarda l'heure à sa montre, un geste machinal, puis ses yeux glissèrent presque instinctivement, avec contentement, vers la chevalière en or qu'il portait à l'annulaire droit. La bague était une sorte d'objet transitionnel et le coup d'œil sembla une fuite. Monsieur Noé (ainsi l'appellerai-je) pensait à sa réussite au lieu de penser à ce qui l'ennuyait. Il était de toute évidence un homme installé et Magnus Wallace était un embêtement. Je me doutais que mon élégant interlocuteur avait un déjeuner dans un de ces bons restaurants de New York que fréquentent les personnalités importantes. Appartenait-il à l'espèce humaine prédatrice ? Était-il un de ces carnassiers ambitieux qui ne servent d'autre parti que le leur ? Ou bien, tout en menant sa vie, défendait-il sa cause avec désintéressement ? Il me regarda de côté, par en dessous, en vrillant ses yeux baissés. Sans doute perçut-il l'hostilité latente que son acharnement contre un homme absent avait exacerbée, et combien je doutais de ce qu'il me disait, sans bien savoir que penser.

— Vous croyez que j'exagère n'est-ce pas ? me lança-t-il, reprenant une offensive qu'il mènerait désormais avec jusqu'au-boutisme.

Et aussitôt il reprit le fil du portrait qu'il dressait, se relâchant dans son fauteuil pivotant de manitou alors qu'au-dedans il resserrait l'étau de son jugement sur l'ennemi :

— Mais non, je n'amplifie rien ! Je me moquerais totalement de Magnus Wallace s'il ne se baladait pas en liberté sur terre et sur mer. Figurez-vous qu'il parle ! Il a même la langue bien pendue. Depuis qu'il en a été expulsé, Noé est sa cible favorite. C'est de l'acharnement fanatique. De l'intolérance. Il était un camarade encombrant, il s'est mué en adversaire odieux. Je vous passe la liste des accusations qu'il profère ! Mais si l'on en croit ce qu'il dit, vous conversez en ce moment avec un escroc.

À mon tour je gardai le silence.

— Voudrait-il décourager nos donateurs qu'il ne s'y prendrait pas autrement. En dénigrant Noé, vous admettrez qu'il discrédite les idées que nous avons en commun. Ai-je l'air d'un *monstre vert* ? me demanda le secrétaire général en riant.

Et je pouvais sentir à quel point, me posant cette question qu'il jugeait absurde, il ne pensait pas devoir se remettre en cause. Cette satisfaction affichée, c'était de l'eau au moulin de Magnus Wallace : l'enjeu pour les militants dans les grandes structures menaçait bel et bien d'être le pouvoir plutôt que l'écologie. Chacun servait sa propre vie. Les phoques ou les baleines étaient devenus les moyens et non les fins. Mes pensées fabriquaient mon silence, le dirigeant ravi poursuivait, excité par le propos.

— Non mais cessons les plaisanteries de récréation ! Agissons de conserve. La cause que nous défendons le mérite. … Magnus dit la même chose ?

Monsieur Noé ne me demanda pas de précision et poursuivit illico son réquisitoire à peine masqué.

— Il dit tellement de choses, le pauvre ! Parfois je crains pour sa raison. Que pensez-vous de ça, continua-t-il, amusé par la révélation qu'il s'apprêtait à me faire : l'humanité étant trop nombreuse, Wallace propose un *permis de reproduction* pour tout couple désireux d'avoir un enfant ! Un délirant mental dirait-il mieux ? Un homme plein de haine envers ses semblables, voilà ce que Wallace est devenu à force d'aimer les animaux. Il l'avoue lui-même… Je crois qu'il voulait être poète. Dommage qu'il ait changé d'avis.

J'avais toujours détesté la condescendance ou le mépris, je laissai pourtant parler monsieur Noé. La mauvaise foi, quand elle s'est convaincue elle-même, peut me fasciner. Et puis est-on jamais sûr de la mauvaise foi ? J'écoutais le dessous des mots. Qu'est-ce que me disait cette averse de critiques ? Monsieur Noé croyait peut-être à sa colère. Peut-être nourrissait-il sa conscience de militant. Comment soutenir la comparaison avec un engagement sans limite ? Il fallait bien qu'il défendît sa propre modération. Je suspendis mes avis. Face aux grandes opérations de communication, mieux vaut cultiver la circonspection. Par conscience professionnelle, j'en eus aussi envers Wallace. Mais à mesure que j'en entendais sur son compte, grandissait en moi l'envie de le rencontrer. En voilà un qui dérangeait la profession ! Il disait justement qu'il n'y avait pas de profession mais seulement une action, dont le but était de faire disparaître sa propre raison d'exister. Gagner en tant que militant, c'était devenir inutile, en somme se détruire. Il n'avait pas tort de demander qui s'y résolvait. Wallace pouvait être aussi bien un emmerdeur, une tête de mule, un naïf qui refuse de savoir comment marche le monde, qu'un défenseur convaincu qui ne lâche pas un pouce de terrain en ayant recours aux seules méthodes efficaces. Il arrive, dans notre société, que le dénigrement soit à la proportion des qualités de l'homme auquel il s'attaque. Magnus Wallace se battait. On avait vite fait de lui tordre le cou par un jugement à l'emporte-pièce. Était-ce légitime ? Était-ce abusif? Ma curiosité s'aiguisait. Dans les océans du monde, joindre le geste à la parole pour le respect des lois, qu'est-ce que c'était ?

— A-t-il déjà été inculpé? demandai-je à mon interlocuteur dans l'espoir de récolter un fait objectif.

— Il le sera. Un jour les plaintes aboutiront.

— Mais ça ne s'est pas encore fait ?

— Croyez-vous que les gouvernements et les compagnies maritimes n'aient pas mieux à faire que poursuivre un fou qui agit en solo au mépris de toutes les règles ? plaisanta le secrétaire général.

C'était une inexactitude. La raison de l'impunité de Gaïa dans l'affaire du *Léviathan* était autre. Par hasard je l'avais entendu dire. Mais comment monsieur Noé, écologiste conforme ayant pignon sur rue, aurait-il pu me révéler la vérité : les baleiniers que coulait Wallace n'avaient aucune existence légale parce que leurs activités étaient illégales, ainsi le droit ne pouvait techniquement juger les délits contre ces vaisseaux fantômes. "Négligence criminelle dans le commandement d'un navire", avait suggéré en guise de chef d'accusation un commandant de port. Mais les propriétaires du *Léviathan*, que nul ne connaissait, n'avaient pas porté plainte. Et puis c'eût été nier que Wallace faisait les choses bien : il contrôlait ses manœuvres, n'agissait que si la mer permettait ce contrôle, ne causait que des dégâts matériels. Je sais parfaitement ce que je fais, avait répondu Wallace à l'éventuel procès pour négligence, de l'air d'un homme qu'une pantomime de justice n'intimidera pas.

— A-t-il jamais blessé ou tué quelqu'un ? m'étonnai-je donc, devinant que la réponse était négative.

— Pas plus que nous ne l'avons fait chez Noé, me fit remarquer monsieur Noé visiblement agacé.

L'homme de pouvoir songea-t-il que ses propos seraient publiés et qu'il allait un peu loin ? Avais-je une manière de le regarder qui disait : Je ne crois pas un mot de ce que vous me dites. Voilà en tout cas qu'il voulut se montrer plus subtil. Il m'offrit un sourire qui révélait sa gêne.

— J'ai l'impression de vous choquer, me dit-il, alors je vais dire les choses autrement : le capitaine Wallace n'a encore tué personne mais il prend de gros risques.

Il soupira, l'air de plaindre un camarade dans l'erreur.

— Magnus est un idéaliste ! dit-il, enflant le ton, introduisant dans sa voix le motif d'une affection ancienne. Un grand naïf si vous préférez.

Le propos était moins agressif. De dément voilà que l'on passait à naïf. Le partisan se ravisait, manœuvrier peut-être mais non dénué de sincérité. À cette pensée j'eus un sourire qui était difficile à interpréter et ne fut guère apprécié. Alors vint l'estocade.

— Mais attention à l'indulgence ! Le gourou peut faire du mal ! Pourquoi mâcher ses mots ? Aujourd'hui Wallace est un extrémiste dangereux, une nouvelle race de terroriste. Un criminel en puissance ! Il agit comme un pirate. Plusieurs pays ne veulent plus entendre parler de lui. Vous vous demandez lesquels ? Pas des moindres, ne souriez pas : le Canada, le Portugal, le Japon... Sa tête est mise à prix ! Non, pas par la mafia ! Vous n'ignorez pas que l'idée de son extradition pourrait être acceptée en Europe. Bientôt il sera jugé. Vous verrez !

— L'aideriez-vous s'il vous le demandait ? osai-je insister.

— Je vois que vous le connaissez mal. Magnus Wallace ne demande pas !

Plus tard je saurais que Magnus Wallace réclamait de coopérer lorsque c'était utile. Il ne demandait même que cela : réussir, protéger les bêtes, à deux, à dix, à cent s'il le fallait. Voulait-il naïvement agir avec ceux que dans le même temps il critiquait ? Ou bien critiquait-il ceux qui n'avaient pas voulu s'associer ? Je l'ignorais, j'écoutais, je découvrais un écheveau de nœuds. Noé avait refusé des fonds, des informations, des bénévoles, des coopérations… disait-on, et Wallace s'était débrouillé seul, non parce qu'il le voulait mais parce qu'il était réellement isolé.

Et pourquoi l'était-il ?

Parce que c'est une tête de mule ! me suggérait monsieur Noé, un type qui ne sait pas converser avec ses semblables.

2

Ainsi donc me parla le grand ennemi de Magnus Wallace. Il me laissa une impression mélangée. Je ne lui donnai ni forcément tort ni absolument raison. C'était un homme qui connaissait son sujet et la voie diplomatique avait son utilité. Mais il n'avait ni rassasié ni éteint ma curiosité pour celui qu'il appelait "le grand naïf", "le bavard", ce rebelle qui de toutes les façons possibles défendait les créatures vulnérables. Il n'avait pas tari en moi les questions. Quel chemin avait suivi Magnus Wallace ? Est-ce que quelque chose clochait ? Pourquoi le capitaine avait-il été exclu de Noé ? Voulait-il vraiment trop en découdre ? Avait-il quelque tort ? Et quel genre d'homme était-il qui suscitait pareille hostilité et pareille fascination ? Ni les films, ni les reportages, ni les communiqués ne manquaient. Avant d'approcher la personne, on pouvait pister le personnage. Wallace me sembla même un maître dans l'art moderne qui consiste à se forger une image, à montrer au monde ce à quoi l'on s'occupe, à exister dans le grand débat médiatique : à communiquer.

À l'âge de dix-huit ans, après avoir navigué, le jeune Magnus étudia la littérature à l'université.

Il avait fondé avec ses amis la première organisation à but non lucratif vouée à la défense du monde naturel : Noé. Les années soixante s'achevaient, la contestation étudiante avait marqué toutes les strates de la société, à peine née la préoccupation écologiste s'amplifiait. Le domaine d'action était vierge : personne ne s'était encore soucié du sort des bêtes ou de l'avenir de la Terre. L'Occident vivait sous le règne de la raison et de Descartes, asservissant des animaux-machines, apprenti sorcier épanoui dans la société de consommation grâce à une nouvelle matière : le plastique. L'humanité était un conquérant tout-puissant. Depuis trente ans, le potentiel de l'atome occupait les chercheurs. Implantée en Amérique du Nord, l'association se mobilisa contre les essais nucléaires. En appliquant les recettes de la propagande moderne, on fit du barouf. La jeunesse avait la parole et ne lésinait pas. Bientôt les campagnes d'essais furent stoppées. Fortifié par son succès, Magnus entraîna ses camarades dans la lutte contre le massacre des phoques et des loups. C'est alors qu'il commença de mettre en œuvre ses méthodes : recours aux stars pour attirer la presse, engagement physique jusqu'à risquer la mort, irrespect pour le matériel et les armes qui tuent. À la fin de cette campagne, au vu de cet extrémisme, Magnus fut exclu de Noé à l'unanimité des votes. Sa personnalité était-elle insupportable à ses pairs ? Jugea-t-on qu'il serait incontrôlable ? Capable du pire ? J'ignorais les réponses à ces questions mais une chose était sûre : le comité de direction l'avait viré. Wallace disait qu'il avait flanqué un gourdin à la mer et refusé de faire des excuses. Il ne regrettait ni son geste ni sa position. La même année, il créait Gaïa dont il fut *le capitaine*.

Capitaine au long cours, il l'était. Il en avait la formation, le diplôme et l'expérience, la compétence et l'autorité. La mer, il l'avait regardée avec intelligence et passion, des jours entiers toute l'année sur la passerelle. Il savait la lire comme un livre dont les chapitres sont les saisons, les latitudes, les longitudes. Il avait assumé la solitude du commandement : être celui qui rassure, qui décide, et qui sera responsable. Je découvris qu'il n'était pas seulement marin ou écologiste ; il avait aussi étudié et réfléchi, écrivait facilement, citait de nombreux auteurs qu'il aimait, possédait dans le détail les sujets dont il parlait. On disait d'ailleurs qu'il avait une mémoire d'éléphant. Devenu monomaniaque, il n'était pas monolithique. Homme d'action, tempérament déterminé et attachant, cultivé, Magnus était un chef charismatique qui inscrivait sa vie dans le temps éternel. Il avait en tête l'échelle de la nature, non pas la petite échelle humaine, mais celle de l'univers entier dans l'espace temporel infini qui semble être le sien. L'inattention écologique, les tueries, l'abus de consommation, étaient des crimes contre l'avenir : il ne le chuchotait pas dans les salons, il le clamait haut et fort à toutes les tribunes. La Terre appartient aussi à nos successeurs, ce que nous leur laisserons doit nous préoccuper, disait-il. Plus qu'à une pose, cela ressemblait à de la sagacité : l'éthique pour la planète était intergénérationnelle, si nous n'agissions pas maintenant, nos enfants n'auraient plus rien à sauver. L'avenir, si on le met au présent, s'appelle la préservation. Magnus voulait faire pour la jeunesse actuelle ce qui n'avait pas été fait pour lui au temps des bisons. Les bisons avaient été massacrés et personne n'avait élevé la voix ! Les troupeaux des grandes plaines avaient disparu et les Indiens s'étaient éteints avec eux, et aujourd'hui Magnus le déplorait encore. Il aurait voulu avoir été adulte à cette époque : libre d'agir contre l'extinction d'une espèce. Il était capable de juger le présent avec recul : Le monde matérialiste nous inocule les idées qui le servent. Il a séparé l'homme de la nature pour utiliser les ressources à satiété, pour détruire au lieu d'unir.

Wallace invoquait fréquemment le jugement de l'avenir : Nos successeurs sur cette planète jugeront que nous l'avons saccagée à la seule fin de remplir nos assiettes et ils nous mépriseront pour cela, martelait-il.

Ce qu'il disait était vrai mais beaucoup de gens ne voulaient pas l'entendre. Il parlait quand même. Vous ne pourrez pas dire que vous ne saviez pas ! Ni reculade, ni reddition, il tenait tête au déni ou à l'aveuglement. La lance d'une idée fixe armait son bras et pointait sa cause : figure inversée du harponneur intrépide que j'avais eu pour ancêtre ? Attiré par le Léviathan, plein de respect pour la bête, au lieu de lui jurer mort, il s'écriait : Longue vie dans l'océan qui t'appartient ! C'est que l'époque était autre. Les hommes étaient devenus trop habiles, les outils trop sophistiqués, la chasse inéquitable, le monde vorace. La sagesse de la protection devait remplacer l'art de la capture. Magnus l'avait compris. Il avait en haine le dard du harpon autant que l'appât du gain et il le disait, avec les méthodes d'un homme actif et moderne. Sur les réseaux sociaux, dans la presse, à travers le site de son association, il intervenait sans arrêt. Magnus Wallace avait une intelligence attrayante. J'appris le concernant toutes sortes d'anecdotes qu'il laissait filtrer à travers la grande toile d'araignée de notre information mondiale. Fallait-il tout croire ?

Dresser le portrait de l'activiste était simple : déterminé, enragé même – puisqu'il y avait de quoi l'être –, autocrate puisque la fonction le réclamait, résolument inaccessible aux compromis et corruptions, à l'intérêt personnel sous toutes ses formes. Et occupé à en faire quelque chose. Un fait notable était mentionné : Magnus ne prélevait pas un sou pour lui-même dans la caisse de son association. Je ne suis pas un mammifère marin ! plaisantait-il, il ne sera jamais dit que nos généreux donateurs font vivre le capitaine Wallace. Bénévole donc, il gagnait sa vie en donnant des conférences. Il n'était pas un profiteur de désastre, une Cassandre qui s'enrichit, un dandy qui survole en hélicoptère les sanctuaires, en fait un album et rentre chez lui satisfait. D'ailleurs sa révolte le séparait, il avait été banni d'un bon nombre de réunions. Il était par exemple moins fringant que monsieur Noé. Quelque chose en lui semblait brisé, la préoccupation de soi lui manquait, une forme de santé égoïstement entretenue lui faisait défaut. C'était un homme d'un mètre quatre-vingts, trop lourd et fait d'un bloc. Il avait un peu plus de quarante-cinq ans et la vie qu'il avait menée, sans agréments, au sens propre toujours sur le pont, sur tous les fronts, l'avait fatigué. Sur les photographies, on reconnaissait une personne qui, soucieuse d'autre chose, n'avait pas pris soin d'elle-même. Wallace payait de sa personne. Chevelure de musicien et barbe déjà blanchies, regard cerné et poches sous les yeux, double menton sur un cou de taureau amolli, trop gros, il me faisait l'effet du parfait candidat à l'infarctus. Mais, sans s'émousser, son engagement le tenait. Il était semblable à l'athlète qui s'écroulera une fois le combat achevé, dont le corps est mis à contribution sans être écouté. Vêtu le plus souvent de la combinaison Gaïa pas vraiment seyante (une version bleu marine du bleu de travail), il affirmait sa guerre contre le monde civilisé, le moins prévoyant des mondes qui se sont succédé, disait-il. Je l'imaginais, au mieux en tenue de safari, pantalon chemise et ceinturon, dans les grandes réunions officielles des militants et des politiques : il s'était fait sortir et traiter de terroriste ! Il ne faisait de courbettes à personne, il ne courtisait pas la notoriété, il ne quêtait pas les félicitations, il ne mâchait pas ses critiques. Et s'il exagérait un peu, c'était que la modération des autres avait accru son escarpement intérieur. Il avait consumé sa capacité à aimer les hommes en société, non pas la compagnie des hommes, mais leur organisation pour vivre aux dépens des autres espèces. Il n'acceptait plus leur bêtise écologique.

Je connaissais le parcours, il me restait à rencontrer l'homme. On le disait charismatique. Quelques mois après cette enquête que ma curiosité avait commandée, j'allai à la rencontre du capitaine. Je voulais l'entendre en personne exposer ses idées et justifier les moyens contestés qu'il employait. Je voulais comprendre pourquoi il inspirait tant de gens en faisant ce que personne n'osait. J'appris qu'il parlerait bientôt à Amsterdam. Les Hollandais, qui furent de grands navigateurs, lui semblaient un peuple à convaincre. Ils étaient les derniers à laisser s'amarrer dans leurs ports des bateaux transportant de la viande de baleine.

Debout sur une vaste estrade, sous les spots, le visage humide de transpiration qui brillait un peu, dans sa combinaison Gaïa, le capitaine n'y allait pas de main morte. Il était massif et puissant comme un grizzly des montagnes d'Amérique. L'insoumission et l'esprit critique animaient cette vigueur qui se concentrait. Méticuleux, doué d'une obstination palpable, Wallace ne s'en laissait conter par aucune autorité dès lors qu'il percevait incompétence, faiblesse ou corruption. Il prônait la désobéissance civile. Il s'était mutiné contre l'administration du monde. Son indocilité impressionnait, mais pas seulement elle. Magnus possédait la prestance d'un chef. Son discours, très rodé, était articulé et fondé. On entendait qu'il était cultivé, ce qui était pour certains une raison supplémentaire de s'en méfier. Ses phrases étaient claires et percutantes. L'expérience et la passion fourbissaient ses offensives. La mer est une passion exigeante, le capitaine, qui avait aimé le tête-à-tête avec sa force, en était le fruit et l'exemple. Il possédait le dessein et la résolution, cette conjonction de la force intérieure et d'un genre de vertu qui inspire confiance. Je vis une salle entière subir avec délice et gravité le magnétisme qu'exerce un homme convaincu lorsqu'il a mis sa vie dans un jeu.

3

"Je suis le fondateur d'une organisation pour la préservation de la vie marine, disait-il en guise de présentation. Je me bats pour les mers sur toutes les mers. Je suis devenu activiste à l'âge de huit ans. J'ai grandi avec l'idée que l'on ne reste pas les bras ballants quand un être vivant en tue un autre sans nécessité. Même si cet autre est une bête.

Je m'intéresse, sous toutes ses formes, à la vie universelle, dont je ne suis qu'un moment et une occurrence, comme n'importe quel individu de n'importe quelle espèce. Je protège son expansivité magnifique et je combats tous ceux qui lui opposent la mort. Je ne méprise aucun règne. L'animal, le végétal, le minéral, le stellaire même, me sont proches. J'ai protégé les forêts, les pôles, l'atmosphère, les castors, les phoques, les dauphins, les éléphants, les loups... J'ai défendu toutes les causes animales. Je me consacre désormais aux océans.

Notre planète contient deux mondes : celui de l'air – et de la terre ferme sous nos pieds – et celui de l'eau. Nous appartenons au premier. C'est là que nous vivons. Nous y faisons respecter nos lois. Le combat animalitaire progresse. La maltraitance animale est réprimée. L'abattage des bêtes d'élevage est surveillé. La chasse est réglementée. Le braconnage est interdit. Quiconque, en pleine nature, imaginerait de poser un piège sur des kilomètres de long serait aussitôt puni. Quiconque braconnerait, sans distinction d'âge ou d'espèce, rejetant les spécimens non commercialisables, irait en prison. En mer, nos règles et nos traités restent du papier sans force et l'on croirait que nous nous en moquons. Des bateaux de tout pavillon partent pêcher n'importe où dans le monde, intéressés par le profit et se croyant tout permis. L'océan est leur libre-service. La haute mer n'appartient à personne donc à tout le monde, au premier qui se sert, sans surveillance. L'argent a pris le pouvoir en mer et nulle police ne s'en préoccupe. Aucune flotte de pêche ne respecte les quotas, pourtant le pillage des océans n'est qu'un sujet et non un motif d'action ! La corruption et le mensonge règnent. Les eaux internationales sont un espace hors la loi. Je me charge de protéger cet espace. Si quelqu'un d'autre voulait le job à ma place, une autorité internationale par exemple, il serait le bienvenu et je me consacrerais à autre chose. Notre société ne manque pas de causes utiles. Je fais aujourd'hui le travail que les gouvernements ne font pas. Ma mission ne transgresse aucune loi : elle consiste à faire respecter la loi. Je poursuis ceux qui commettent des crimes en haute mer, j'espère mettre fin au maléfice de leur avidité.

Il y a quinze ans, je suis entré en dissidence. J'ai cessé de respecter la propriété plutôt que la vie ! J'ai affirmé haut et fort que les hommes ne possèdent pas la Terre. J'ai cessé d'être une bouche molle qui pérore pendant que meurent des milliers de créatures. Je me suis concrètement attaqué aux escouades tueuses qui sillonnent les océans. Je les abomine et j'entends bien les abattre. C'est pourquoi j'ai détonné dans la profession.

J'ai créé la structure qui convenait à l'idée que je me fais de mon action. Gaïa. Une structure légère pour une action directe, la seule qui dérange le braconnage. Et j'ai commencé cette vie dédiée aux géants marins par une action d'éclat. Dès le premier hiver j'avais un bateau, avec lui j'ai coulé le *Léviathan*, ce navire pirate dont beaucoup de gens voulaient la peau sans oser rien tenter. Le moins que l'on puisse dire c'est que les corps constitués de l'écologie ne m'ont ni soutenu ni défendu : tous ces gens conformes jugeaient mon projet trop violent. J'avais cherché des fonds tout seul. Les dirigeants de Noé ont refusé de me vendre un vieux cargo qu'ils mettaient à la ferraille. Et lorsque j'ai eu mené à bien l'opération, ils sont montés à la tribune pour me critiquer. Cette intelligentsia qui a pignon sur rue depuis qu'elle ne dérange personne m'a publiquement traité de terroriste.

Mon choix d'agir carrément a fait parler. Pour certains je suis devenu un terroriste et pour d'autres un héros. Je ne suis évidemment ni l'un ni l'autre. Je suis un homme qui a fait ce qu'il devait. Je crois n'avoir rien décidé de mieux dans ma vie que de couler ce foutu rafiot ! Le *Léviathan* parcourait les mers sans respecter aucune règle de chasse. Il harponnait tout ce qu'il rencontrait. Sans pavillon, il était au-delà des lois. Les protestations n'y faisaient rien. Et le carnage continuait. C'est pourquoi nous l'avons mis hors d'état de nuire. Ce jour-là j'ai su que nous aurions raison par l'action directe. La preuve était faite : une équipe résolue, un peu de savoir-faire, une dose de courage et l'écho des médias firent davantage que des années de réunions. Vous avez là le résumé de ma méthode.

L'association Gaïa bénéficie du soutien de cent mille adhérents. Nous n'avons pas de collecteurs de fonds, nous ne rassemblons que des activistes. Nous ne faisons ni publicité ni grands appels aux dons. Nous ne démarchons personne. Tel est le secret de la loyauté de nos membres : chacun d'eux est venu de sa propre initiative. De par le monde, Gaïa repose sur la présence et le travail de trente employés. C'est cinquante fois moins que n'en compte Noé. Nous ne prospérons pas. Nous ne travaillons ni pour notre propre développement ni pour notre profit : Gaïa dispose d'un budget qui est trente fois plus faible que celui de Noé. Mais avec dix millions de dollars, nous ne restons pas les bras croisés. Jamais je ne me contenterai de filmer l'agonie d'une baleine qui pourrait me servir l'année suivante à lever des fonds pour la protection des baleines ! Je ne cherche pas de l'argent en bavardant sur la cruauté des massacres, ni en versant des larmes vaines, je cherche de l'argent pour empêcher les massacres et je m'en sers pour ça. Je fais ce que je promets : je m'interpose physiquement. Pourquoi m'accuse-t-on d'être fou au lieu d'accuser les autres d'être des voleurs ? Parce que dans ce moment de notre civilisation, le profit est devenu plus précieux que la vie. Nous ne l'avouons jamais, nous faisons mine de l'ignorer, nous professons le contraire, mais toutes les décisions de nos gouvernants en témoignent.

Nous finançons chaque année une intervention en Antarctique en vue de faire respecter le moratoire sur la pêche des grands cétacés. J'embarque avec moi qui veut se rendre utile. Nous formons les bénévoles amateurs qui s'engagent pour une campagne. Je les préviens, je leur dis : « Quand il y aura de la mer, on découvrira les caractères. À bord il n'y aura qu'un seul capitaine. » Je m'en sors bien. Nous n'avons jamais eu le moindre accident. Et que les mauvaises langues se taisent : la chance n'a rien à voir là-dedans ! On dit que nos méthodes sont violentes, c'est un mensonge. Ne blesser personne, ne pas enfreindre la loi, on me reproche de n'avoir aucune limite mais je respecte ces deux-là. Il est vrai que nous ne négocions pas. Cela ne fait pas de nous des criminels ! N'écoutez pas les diffamations. Chaque jour il me faut les entendre. On me notifie mes bévues, mes abus, mes entorses à un règlement que je suis au contraire le seul à respecter. Je ne suis ni un pirate, ni un fanatique, ni un terroriste. Je ne casse que du matériel. L'agression physique ne fait pas partie de mon programme. Aiderions-nous les animaux si nous avions des crimes sur la conscience ? Je ne le crois pas. Je n'ai jamais fait de mal à une mouche. Je pratique le végétalisme ! Je ne menace personne de mort. Ce n'est pas le cas de ceux que je dérange ! Ma colère est légitime, je l'exprime pour éveiller les consciences. Et je fais ce qui me paraît juste, sans me soucier de perdre, de gagner, ou de discuter. Je me concentre sur la lutte concrète. Les représentants de notre société mercantile n'ont pas à commenter la moralité de ce que j'entreprends pour les combattre. Je ne veux pas les entendre. Je me bouche les oreilles !! J'ai fondé Gaïa dans le but précis de passer à l'action radicale, menaçante si nécessaire, en un mot *efficace*. Les médias ne s'intéressent qu'aux actions spectaculaires, eh bien qu'à cela ne tienne, je leur en donne, parce que je veux toute leur attention ! Je ne crois pas que l'agneau se protège du loup en bêlant. Pas plus que l'on ne discute du bien et du mal avec des bandits. Je ne crois pas que nous puissions attendre sans agir la fin des corruptions qui entravent une politique appliquée. Nous n'avons plus de temps. Quatre cents zones marines sont déclarées mortes. Les grands prédateurs disparaissent. Nous léguons à nos enfants un océan où des modèles réduits n'ont pas le temps de grandir. Les espèces protégées ne le sont qu'en théorie. La pêche pirate est si gigantesque et profitable que l'extinction est une affaire de quelques années. Le poisson n'est plus l'être vivant universel du globe, éternel dans toutes les eaux. L'infini ou l'inépuisable sont des idées fausses qu'il faut de toute urgence nous ôter de la tête.

J'essaie de faire ce que j'aurais voulu voir fait avant moi. Mon objectif n'est pas de déplorer ou de manifester mais de vaincre. Je ne proteste pas, j'interromps le pillage. Je mets en jeu ma liberté et ma vie. Jamais je ne suis certain d'en sortir indemne. Malgré sa légitimité, ou peut-être à cause d'elle, l'indocilité est dangereuse. Je m'attends à mourir : abattu par des hommes. D'autres sont morts avant moi. Alors je mène la vie que je veux, c'est ma façon de me préparer à la mort : je me bats. Je me bats pour une cause qui nous dépasse. Je me bats pour les enfants des enfants de mes enfants. Si les océans meurent, ils mourront tous ! C'est ce que j'explique à ma fille quand je l'abandonne tout un hiver. Je vous le dis aussi fort que je le peux.

Je suis fier de ne pas me conformer aux manipulations des modérés. Je crois que leur temps est passé. J'ai bu le lait de Mai 68. J'ai cru mise à mort la société de consommation. J'ai écouté les yeux écarquillés les gouvernants du monde entier s'inquiéter de l'avenir de la Terre. Qu'ont-ils fait depuis leurs sommets ? Qu'ils parlent donc, et qu'on me traite d'extrémiste ! Je le suis si la modération consiste à ne rien faire. La passivité n'est pas mon truc. Si vous ne dénoncez pas un problème que vous voyez, vous devenez partie prenante de ce problème. Je suis incapable de regarder mourir une bête pour l'argent qu'elle rapporte. Aucune ne se lèvera pour sa survie alors je me dresse à sa place. Je veux bien être jugé pour mon action, mais pas dans notre bel aujourd'hui, seulement par le tribunal du temps et de la Terre. Le seul jugement qui compte est celui des générations à venir. C'est envers elles que je me sens une responsabilité.

Si vous êtes comme moi fou de colère, ayez le courage de le proclamer. Et d'agir. Nous devons faire mentir les prédictions funestes qui concernent notre univers. Venez rejoindre la vague de notre révolte. Aidez-nous."

4

C'était une entrée en matière dont la folle sincérité me saisit. Magnus Wallace enjolivait-il ? Il me parut qu'il avait fait ce qu'il racontait. Que fallait-il penser de ce qu'il avait fait ? J'avais devant moi un homme familier des grandes merveilles du monde mais qui, pour les défendre, était capable d'ouvrir la vanne d'eau de mer d'un navire et de le regarder couler. Il entendait le langage inarticulé des mers et des bêtes. Entendait-il celui des hommes ? Cette histoire de *permis d'enfanter* m'avait troublé. Jusqu'où pouvait aller l'opposition radicale ? Wallace connaissait tous les ports du monde où mouillent les baleiniers, les chemins de la mer qu'empruntent les baleines, les lieux où elles naissent et ceux où elles meurent. Mais connaître l'avenir, qui le peut ? Quel était le bien-fondé scientifique de ses affirmations ? Les extrémités de la Terre, il les avait atteintes, et pas pour la beauté du geste. Quelle blessure voulait-il réparer ? Quelle peur affrontait-il ? Rien ne semblait l'effrayer. Le prix de sa tête ne le tourmentait pas. S'il valait cher, c'était qu'il avait coûté cher. Plus il valait cher, plus il avait sauvé de grands animaux. L'armature de sa personnalité semblait indéformable. Insensible aux difficultés, il faisait passer les décrets de la simple promulgation à l'application. Depuis quinze ans Magnus Wallace menait sa guerre. Était-ce un combat perdu ? Une bataille aussi symbolique que le serait la disparition des baleines ? Était-ce une naïveté ? Une geste orgueilleuse ? Je me défendais mal d'être conquis. J'adore ce type, me dit carrément un ami journaliste à qui je touchais un mot des curiosités qui m'occupaient. Je me sentis content. L'engagement déraisonnable, les héroïsmes discutables m'avaient toujours captivé. L'admiration prit racine en moi. Le scepticisme méthodique réclama la proximité. Pour juger, je devais voir et filmer Wallace en action. J'eus l'idée de rejoindre quelque temps son équipée.

En l'écoutant s'exprimer j'avais compris que le mot de "gourou" revînt si souvent dans les critiques dont Wallace était l'objet. Le magnétisme de l'orateur avait de quoi agacer. Pourquoi toutes les forces se concentrent-elles quelquefois dans un même individu ? Comment cet homme parvient-il à faire ce qu'il fait ? C'est l'une des iniquités de l'existence. Le capitaine filait sans tergiverser : jamais quatre chemins, une seule ligne obstinée. Et toujours l'espoir de réussir. Il disait avoir beaucoup appris des Indiens et vraiment il incarnait la bravoure de ceux qui étaient morts les armes à la main. Le cliché qui avait fabriqué sa célébrité était une de ces images que l'on n'oublie pas : Magnus Wallace, bouclier humain, entre le harpon et le cachalot. Cette photographie avait circulé. Elle disait la conviction qui habitait cet homme debout sur un Zodiac, en plein océan, dans la ligne de tir d'un harponneur. Sans hésitation, par amour des grandes bêtes généreuses qu'il avait approchées, il avait foncé devant la proue d'acier d'un gigantesque bateau pour protéger un groupe d'animaux. Il n'avait pas réussi. Les pêcheurs avaient balancé un harpon explosif au-dessus de sa tête. Mais une rencontre spirituelle avait eu lieu ce jour-là et le militant avait su que son action ne cesserait plus.

L'appel des bêtes était entré au plus profond de lui-même. Était-ce *sa* vérité ou *la* vérité ? Un choc intérieur, une révélation avaient eu lieu. Ce jour-là, l'humain avait perdu sa suprématie aux yeux de Magnus : l'humanité s'était replacée dans une nature qui l'égalait en intelligence et la surpassait en beauté. Car l'œil du cachalot avait regardé jusqu'au fond de son âme et la bête en colère, blessée à la tête, dont la femelle allait mourir, avait compris que Magnus bataillait pour elle. L'énorme animal ne l'avait pas rangé du côté des tueurs ! C'était une communication inouïe qui faisait pouffer bien des gens. Elle avait eu lieu cependant, disait Magnus. Et le bateau gonflable qui naviguait au milieu des eaux où bouillonnait le sang chaud avait été épargné par la puissance qui s'apprêtait à le pulvériser. Moby Dick était une fable, une création d'Achab, et l'intelligence des bêtes une évidence. Le cachalot était d'une nature sensible et timide, il allait chercher la paix à mille mètres de profondeur, là où ne chassent ni les orques ni les humains, il se sauvait facilement, il protégeait toujours le plus faible et s'il attaquait c'était pour se défendre. Le colosse féroce n'était pas celui qu'on croyait. Et la violence des hommes était avérée. Magnus avait compris tout cela. Plus tard, à propos de cet épisode, il me dirait : Je me suis pris pour Gandhi ! Mais ça ne marchait pas… ils ont tiré. Et rapidement j'ai changé de tactique, c'est moi qui ai sorti mon rostre ! Nous avions ri ensemble. Le *rostre* était une longue lame d'acier montée sur vérins hydrauliques que l'on déployait en cas de combat. Magnus avait bel et bien modifié sa stratégie depuis la photographie sur le Zodiac. Il avait équipé son navire d'une arme bien visible à bâbord avant, un stylet qui disait ses intentions. Il ne s'en cachait pas : En mer nous éperonnons les pilleurs. Au port nous coulons leurs navires. Nous n'hésitons pas. Nous faisons respecter les lois par la force.

J'allai trouver le capitaine. Une fois par an, aux extrémités de la Terre, il livrait cette bataille et je voulais l'accompagner. J'étais disposé pour cela à balayer le pont, à faire la cuisine, à éplucher les patates. Je me présentai. Grand reporter qui n'était pas sans renommée en Grande-Bretagne, né de mère britannique et de père norvégien, j'avais le pied marin. J'avais déjà fait le tour du monde avec ma caméra. Je n'avais ni femme ni enfants. Bref, j'étais valeureux et libre, tout ce qu'il faut sur un bateau.

— Et je peux tout filmer, conclus-je, sachant que ce point l'intéressait.

Pourtant la question que me posa Wallace n'avait trait à aucune de ces caractéristiques favorables que j'énumérais.

— Es-tu prêt à mourir pour une baleine ? me demanda-t-il avec le plus grand sérieux. C'est la seule question que tu dois te poser pour embarquer. Ensuite tu penseras aux détails prosaïques : Supportes-tu la vie en mer ? Es-tu convaincu par notre cause ? Acceptes-tu de travailler dur sans être payé ? As-tu du temps ? Si c'est oui, tu postuleras pour une campagne.

J'aurais pu croire que le président de Noé avait raison : Magnus Wallace était un illuminé pour qui la vie de quelques cétacés valait plus que celles des hommes et que la mienne. Au lieu de cela, sans essayer de ranger le capitaine dans une boîte trop petite pour lui, je me contentai de trouver une réponse à son défi.

— Personne ne mourra et nous empêcherons les massacres, ai-je répondu.

Magnus referma sa main calleuse et puissante sur mon avant-bras.

Trois mois plus tard, j'embarquai à bord de l'*Arrowhead*. Le navire amiral était à quai à Los Angeles, prêt pour une campagne dans l'archipel des Galápagos. En une seule expédition, qui vaudrait bien plus tard au capitaine une *notice rouge* d'Interpol, j'apprendrais les mers du Sud et la violence de leurs fossoyeurs.

5

Les sensations de ce voyage inaugural sont incrustées dans tout mon corps. Si je ferme les yeux, je peux à nouveau sentir la palpitation de la mer autour du navire, et, en moi, l'apaisement d'un accomplissement. Le mât de proue et ses haubans d'acier dessinent avec le triangle de l'étrave une figure losangée, symétrique dans l'espace de l'eau et de l'air. Je suis debout sur le trône des mers. Ciel et mer m'entourent et m'appartiennent. Je rejoins la grandeur du monde. Les espaces infinis me désignent ma place. La surface de l'eau est un vaste scintillement d'argent, j'entre dans sa suggestion, ma main tient la lisse du garde-corps, il n'y a pas d'autre limite et mon regard se renouvelle.

J'avais gagné Los Angeles par avion avant de rejoindre le port en auto-stop. Magnus n'était pas à bord lorsque je montai sur le navire amarré. De loin j'avais deviné le drapeau de Gaïa, dans ses plis se cachait son emblème. Il y avait peu de vent. Les antennes des appareils de radio et des radars, les pavillons multicolores, les batayoles des rambardes se détachaient sur un espace bleu unifié. En atteignant le pont je me sentis près du ciel, entré dans sa texture immatérielle, lavé par sa limpidité. La tiédeur de l'air adoucissait ce moment où je rompais avec ma vie, sans pourtant mesurer combien je quittais une vision du monde pour une autre. C'est une chose dont n'ont pas idée ceux qui n'ont jamais mis les pieds sur la passerelle d'un navire, mais la mer est un autre point de vue. Depuis sa surface en mouvement, la vie et ce que font les hommes à terre s'apprécient différemment.

— Magnus s'excuse de ne pas t'accueillir, il est au bureau du port. Personne n'échappe aux tracasseries administratives, m'expliqua le second capitaine, David Becker, dans un anglais de Nouvelle-Zélande.

Sur son conseil j'allai saluer notre médecin de bord. Tu le trouveras par là, m'avait dit Becker un peu succinctement d'un geste de la main.

Chaque membre d'équipage, s'il le désirait, remplissait une fiche médicale. Groupe sanguin, allergies médicamenteuses éventuelles, antécédents médicaux, traitements en cours, personne à prévenir en cas d'accident. Assis sur une banquette de velours râpé, le docteur F (je n'ai jamais pu orthographier son patronyme d'origine germanique) était occupé à l'inventaire de l'armoire à pharmacie. J'espérais n'avoir jamais besoin d'elle ou de lui, rien n'est pire qu'être malade sur un bateau, confiné dans sa cabine, indisponible pour toute manœuvre, à la charge des autres. Tout en me présentant, je le lui confiai, lui disant que pour cette raison j'avais vérifié mon état général avant de m'embarquer. Tout indiquait que ma condition physique était enviable. Ces résultats m'avaient rendu l'impression de jeunesse que j'avais peut-être inconsciemment pour mission de retrouver.

— Vous êtes très sérieux ! s'émerveilla l'homme de médecine, à la manière de celui qui n'en fait pas tant. C'est une bonne chose, dit-il. Quoi de pire en effet qu'être malade en mer ?

Nous en plaisantâmes, évoquant *Le Nègre du Narcisse*, et à quelques mots qu'il eut à propos de Conrad et des figures ternaires de son style, je sus que j'avais affaire à un scientifique qui avait des lettres.

— C'est drôle, je n'arrive pas à me rappeler s'il meurt ou s'il simule, dis-je en fouillant dans ma mémoire. J'ai lu ce livre quand j'avais dix-huit ans et je me souviens surtout qu'il était ardu.

— Il meurt, me dit le docteur en souriant.

Puis il ajouta :

— On dit que c'est un grand livre de Conrad, mais je suis comme vous, ce n'est pas mon préféré. On le lit parce qu'on a admiré *Typhon* ou que l'on a été ému par *La Ligne d'ombre*. Et pour cette raison je crois, on est déçu.

Le docteur F était un homme de taille moyenne pour sa génération mais petit pour celle d'aujourd'hui, à la carrure fine, qui portait la barbe grisonnante de la cinquantaine et une chemise ouverte sur la toison d'un torse à la fois étroit et musclé. Il avait des yeux verts, excessivement clairs, dont la douceur faisait mouche et de laquelle sans doute il tenait une partie de son charme. C'était un regard qui ne fuyait pas et semblait aussitôt vous comprendre avec bienveillance. On peut dire que l'on était regardé – ce qui n'arrive pas si souvent qu'on le croit. J'en eus conscience en même temps que je percevais, derrière cette présence observatrice, un point saturé de clairvoyance. Le docteur F avait écouté des milliers de gens, des familles, des mères et leurs enfants emberlificotés dans le serment originel, il avait tout entendu, des larmes, des cris, des plaintes, puis il s'était écouté lui-même, et connu sans empêchement, et maintenant il était libre : présent en face de vous. Je sentis tout cela dans l'instant, et comme il arrive quand une personne vous séduit, je le trouvai beau. Son visage me rappelait ceux de Gustav Mahler ou Hermann Hesse. Noblesse sans affectation. Front immense, physionomie sèche sur une ossature apparente, lunettes métalliques, il avait du juif ashkénaze de l'entre-deux-guerres la distinction naturelle lissée par la culture. Que fabriquait-il sur un vieux brise-glace en route pour les Galápagos !? Je m'apprêtais à le lui demander lorsque, le premier, il m'interrogea :

— Pardonnez-moi d'être curieux, quel âge avez-vous et que faisiez-vous dans la vie avant de signer un chèque en blanc à ce cher Magnus ?

— Je faisais des photos. J'étais reporter pour divers magazines.

Et disant cela, j'éprouvai à quel point cela me semblait peu de chose.

Je place à cet instant précis ma prise de conscience en somme de l'extraordinaire de notre aventure, ce recrutement de Magnus partout dans le monde, les tentacules de son engagement.

— Alors vous êtes habitué à voyager ! constata le docteur.

— Pas vous ?

— Disons que j'y prends goût.

— J'ai fait trois fois le tour du monde et parfois j'étais lassé de tous ces voyages dont le sens m'échappait.

— Moi je me suis lassé de la sédentarité ! s'amusa-t-il.

Il avait été pédiatre de ville à Paris. C'était une de ces activités qui immobilisent.

— On ne l'imagine pas, me dit-il, mais c'est un métier qui accapare toute la vie. Une sorte d'asservissement. J'étouffais. Il a fallu que je sorte de mon cabinet ! Magnus a été l'occasion qui fait le larron.

— Comment l'avez-vous connu ?

— J'ai entendu parler de ses démêlés avec Noé et le type m'a plu. Combien reste-t-il d'hommes qui savent refuser leur main à qui ne mérite pas de la serrer ? Magnus est un preux. Et rien n'endort ni sa colère ni sa volonté. Je me suis mis à la disposition de ce champion !

— Il vous a fait découvrir l'écologie ?

— Je dirais plutôt qu'il m'a fait découvrir la lutte. On se bat rarement assez pour ce qu'on croit et personne ne nous apprend la passion, si d'aventure elle s'apprend ! Magnus le fait. Personnellement je me souciais depuis vingt ans des effets de la pollution. La médecine ne reconnaissait pas que les enfants des grandes capitales en sont malades. Moi je pouvais le constater chaque jour. J'ai créé une association pour l'air, qui a eu son heure de gloire, mais peu d'impact. J'avais dix ans d'avance. Personne n'était prêt à changer ni ses vues ni son mode de vie. Le covoiturage, les véhicules électriques ou en libre-service, rien de tout cela n'était même envisageable. Et je me suis lassé. Je ne suis pas comme Magnus que rien ne décourage.

— C'est une chance enviable de garder intacte sa foi dans un but.

— La sienne repose sur une énergie sentimentale inextinguible : Magnus n'est jamais fatigué de ressentir, de s'indigner, de s'exprimer et de combattre. Il transforme ses émotions en actes. Il n'oublie jamais ce qu'il voit, il se laisse capter. Quelqu'un a vu et dit? Il écoute, et puis il va voir par lui-même. Il n'a pas rompu avec une vision chevaleresque de l'existence. Il défend ses valeurs en tournoi! Cela ne vaut que si les valeurs sont justes évidemment…

— Je le vois comme un moraliste, certes enragé mais qui parle bel et bien de leur mal aux temps modernes. Voilà pourquoi on veut le faire passer à la fois pour un cinglé radoteur et un terroriste.

— Vous avez tout à fait raison! La disqualification est l'arme majeure du terrorisme intellectuel qui règne depuis quelques années. Il y a l'idéologie dominante, ses ramifications, et tout le monde est prié de penser conformément. Mais cette pensée totalitaire est soumise aux grands intérêts et celui qui voudrait s'en libérer est descendu. On lui tire dessus vraiment! C'est ainsi que Magnus est devenu un misanthrope, un fou dangereux, un terroriste… son étiquette a été préparée pour le réduire à un crétin en colère. Mais vous allez filmer ce qu'il fait et nous apporterons les preuves qu'il est plus que cela, n'est-ce pas? Venez, je vous montre votre couchette.

Il s'engagea par une écoutille sur une échelle métallique qui descendait vers les cabines.

— Attention à votre tête.

Une longue coursive aux murs couleur vanille se profilait devant nous vers une pénombre trouée par quelques lampes.

— Magnus a tout fait repeindre, les jeunes s'y sont collés, commenta le docteur F qui avait perçu le regard que j'avais pour le décor. Ce bateau est un trophée, le bateau fétiche de Gaïa. Et qui a besoin d'être soigné! L'*Arrowhead* est un vieux navire, il est sorti des chantiers norvégiens de Bergen quand vous n'étiez pas encore né.

J'étais en réalité de deux ans son aîné, l'*Arrowhead*, me dirait Magnus, avait été lancé au printemps de 1959.

Le docteur F m'indiqua où il se trouverait si j'avais besoin de quelque chose. Ou même seulement de compagnie, ajouta-t-il en me laissant m'installer.

Plus tard je fus comme seul à bord. Dans la cabine qui servait d'infirmerie, le docteur finissait de ranger ses manuels de procédure. Un bruit de marteau me parvint un moment de la chambre des machines, plusieurs ponts en dessous, mais je n'allai pas voir qui frappait. Le chef mécanicien, Harry Brent, un citoyen londonien à l'originalité toute britannique, qui deviendrait mon ami, ne fit pas ma connaissance ce soir-là. Une extraordinaire langueur m'avait envahi, comme si je me déprenais. L'équipe de cuisine faisait une virée dans Los Angeles. La cuisine spacieuse et bien équipée était encombrée de palettes de conserves qui n'avaient pas encore été rangées (les jeunes n'éprouvent pas un grand besoin d'ordre). Je mangeai un sandwich de ma fabrication. La nuit tombait, que l'on ne voyait pas venir, comme une poussière invisible se densifiant autour du navire. Je restai longtemps sur la passerelle à regarder les lumières du port s'allonger à la surface de l'eau sombre. Surplombant le quai, la tête dans l'air tiède et les yeux parcourant la moire obscure et tachée de reflets, j'avais déjà quitté la terre. Les étoiles innombrables me fixaient comme les yeux du monde. La lune était un trou blanc luminescent dans une étoffe noire. Les grandes présences naturelles me dominaient. L'impensable du cosmos m'atteignait. Tard, alors que j'étais couché, je reconnus la voix de Magnus descendu dans sa cabine et rappelé par son second. Allons bon, que se passe-t-il ? demandait-il. Des sacs de petits pois congelés étaient arrivés ouverts, que fallait-il en faire ? Qu'on les consomme immédiatement, ce serait bien le diable si on était malade. Magnus tranchait le moindre détail.

Galvanisé par la présence de la mer, j'eus un sommeil éveillé, maintenu à la surface des rêves, en cette ligne de tangence où ils se forment sur le dos du réel, à partir des bruits du présent et des événements de la journée. La mer emplissait ma tête, les balancements puissants qu'elle peut imposer, sa masse, sa profondeur, et l'élan subit qui me poussait à devenir intime avec elle. Se livrer à son indifférente splendeur guérissait, mais de quoi ? De la finitude, de la petitesse, de la poussière de la terre, de la foule, des bureaux, de la sécurité, de l'ennui, de l'écoulement du temps… voilà de quoi je venais me déprendre. C'était une attraction irrésistible, sensuelle comme l'est le goût de naviguer. À l'aube, une activité opiniâtre et bruyante anima les docks. Des grincements de treuils déchiraient mes oreilles, le bruit des mâts de charge qui encalaient des marchandises, des cris d'hommes dirigeant des manœuvres, la sirène d'un patrouilleur. Je montai sur le pont. Mon paquetage était défait dans ma cabine. Un matériel cinématographique neuf était posé sur ma couchette, prêt à un usage immédiat. J'avais les yeux et les oreilles en vadrouille. Par l'échelle de coupée arrivèrent des volontaires de l'équipage. À la fin de la journée j'avais rencontré la quasi-totalité de ces idéalistes et pris quelques clichés que nous enverrions aux journalistes.

Je débutai ma collection d'archives. J'accumulerais la matière d'un documentaire sur cette campagne. Il fallait que le monde sût qu'un type comme Magnus existait, qui se bagarrait pour que la Terre sur laquelle vivraient nos gosses ne soit pas défigurée sans remède. Je voulais être ce genre de témoin qui dit qu'un homme, avant de rejoindre la grande cohorte des morts que l'on oublie, a su agir, n'a pas vécu en vain, et que lui, il faudrait ne pas l'oublier. Je voulais restituer l'engagement de sa source à son accomplissement. Consigner ce que je voyais, accroître ce que j'étais capable de saisir furent mes préoccupations. Je parcourais les ponts du bateau avec ma caméra légère. La jeunesse, l'envie de servir et la bonne volonté pullulaient autour du capitaine. Quelques volontaires répondirent à mes questions. Leur détermination avait quelque chose d'entêté qui me semblait enfantin. Ils répétaient le chef sans posséder son épaisseur. Je sentais que Magnus était l'âme de ce bâtiment et de ceux qui y montaient sans que rien ni personne pourtant n'égalât son envergure personnelle et politique. Il accueillait sur ses bateaux cette cohorte enthousiaste et la mettait au travail.

Les bénévoles ne s'embarrassaient pas de questions. Le bal des discours, ils n'en voulaient plus. Les méthodes expéditives et controversées de Gaïa étaient la seule solution contre l'apathie et l'avidité conjuguées. L'action qu'ils menaient était donc décisive. L'avenir serait ce que nous en ferions. Les éperonnages ne les choquaient pas le moins du monde.

La faute n'était pas du côté de Magnus. Ils en étaient persuadés. Moi qui m'étais souvent tenu à la lisière de l'engagement, spectateur par métier, je les écoutais avec un étonnement à la fois admiratif et dubitatif. Ils me servaient la réplique inattendue et imparfaite de ce que j'avais entendu à Amsterdam. Et quelles certitudes ! Avaient-ils totalement raison ? Mes avis étaient plus réservés, j'essayais de les élaborer. En emboîtant le pas de Magnus, voulant satisfaire ma curiosité, j'avais aussi cherché, bien plus qu'à sauver les baleines, à me renouveler. J'étais maintenant à bord, c'était le mélange de la décision et de la chance, j'étais disposé à prendre les choses à cœur mais sans perdre tout sens critique. Parfois l'action précède l'intention et apporte la compréhension. Parfois le hasard préside à ce que nous croyons choisi. Je filmai les réponses passionnées qu'on me fit, m'autorisant peu de commentaires et me laissant convaincre gentiment.

— Nous représentons l'opinion publique internationale ! Tout le monde veut que cessent ces massacres alors nous venons les empêcher, dit à ma caméra une jeune Australienne de trente-deux ans.

Elle s'appelait Anna Carvagge. Elle portait les cheveux très courts et un anneau transperçait sa narine droite. Elle embarquait pendant qu'elle était encore célibataire, m'expliqua-t-elle en souriant, sans craindre de se montrer plus pragmatique que romantique. Avec des enfants, s'éclipser serait plus compliqué. Elle construirait sa vie ensuite. Si elle revenait.

— Je suis pharmacienne à Melbourne, ajouta Anna, après qu'ayant prononcé le mot “enfant” lui fut revenu le souvenir de ses motifs. Il y a un an des gosses sont venus manifester dans la rue, ils appelaient au boycott de la viande de requin. Ils m'ont donné une leçon. Si je voulais qu'il reste des animaux dans l'océan, je devais agir. J'ai rejoint Magnus parce qu'il est le seul à lutter concrètement, dit-elle. Il a réussi tout seul à mettre fin au braconnage de la baleine dans l'Atlantique nord. Dans mon pays beaucoup de gens le considèrent comme un héros.

Les volontaires s'attendaient à en découdre, ils voulaient s'opposer physiquement. Certains croyaient qu'ils pouvaient mourir dans cette expédition. Le danger venait-il de ce que tentait Magnus ou bien des réactions de ceux qu'il poursuivait ? C'était un point à préciser. Alors vous pensez que ça va chauffer ? leur dis-je étonné.

— On ne sait pas du tout ce qui peut arriver ! Toute campagne est dangereuse, dit Fabienne Roux, l'océan est redoutable et les braconniers réagissent violemment. Magnus s'est déjà fait tirer dessus ! De plus en plus d'écologistes se font descendre sans autre forme de procès. Avant de quitter la maison, j'ai rédigé mon testament. On ne sait jamais. Je voulais que ces choses soient en ordre.

Les Françaises étaient graves et engagées. Fabienne et Charlotte appartenaient à l'équipe de pont et j'aurais souvent l'occasion de les voir balai et seau à la main. Pour l'instant, appuyées au garde-corps, elles me disaient que Magnus et l'équipage prenaient des risques et ne l'ignoraient pas. C'était un choix. D'autres l'avaient fait avant eux.

— Tout le monde sait que Dian Fossey a été assassinée lorsqu'elle a vraiment dérangé le trafic des gorilles, dit la jeune vétérinaire. George Adamson au Kenya, qui défendait les lions, a été abattu par des braconniers somalis. Et sa femme avait été assassinée dix ans avant lui ! On ne compte plus les activistes diabolisés avant d'être éliminés purement et simplement. Défendre les animaux peut devenir mortel. Toi aussi tu peux disparaître, les journalistes ne sont pas épargnés dès qu'ils dénoncent les scandales environnementaux.

— Ces crimes expriment la violence de la compétition pour l'appropriation des ressources, dit Anna Carvagge, ils n'étonnent que ceux qui ne s'intéressent pas à l'avenir de la Terre.

Je me rappelais l'émotion du monde à la mort de Francisco Mendès. Il était devenu un symbole, il était devenu une chanson. Mais il avait fallu pour cela qu'il fût assassiné dans sa propre maison, sous les yeux des siens, par des tueurs à gages à la solde d'un riche propriétaire terrien. Sa disparition plus que son action, le crime plus que la forêt amazonienne avaient fait la une du *New York Times*.

— Vous ne jugez pas moralement répréhensible d'entraîner des jeunes comme vous dans une aventure dangereuse ? dis-je.

— Je ne vois rien de plus désirable que de mourir pour ses idées, me répondit Charlotte Jauffret, dont le joli minois aux traits réguliers ne devait pas avoir passé trente ans.

Voilà qui s'appelait ne pas avoir peur des grands mots. Je regardais le bout de son nez monter et descendre quand elle parlait. Que pensai-je alors de cet élan sacrificiel ? Et pour les baleines en plus ? J'avais participé à des documentaires qui montraient des situations humaines dramatiques.

— Et les hommes ? Vous y pensez ? glissai-je à la jeune militante.

— Penser à la planète, c'est penser à l'humanité, me répondit du tac au tac Harry Brent, qui était monté fumer sur le pont. Sauvegarder les océans n'est rien d'autre que sauver nos poumons. C'est aussi simple que ça. Si les espèces dont dépend l'équilibre du système disparaissent, nous disparaissons avec elles. Les sorts de toutes les espèces sont liés par la Terre.

Je n'adhérais pas à cette protection pour raison instrumentale, elle souffrait par sa construction même d'un irrespect fondamental. Fallait-il protéger les bêtes parce qu'elles nous étaient vitales ou parce qu'elles méritaient tout simplement de vivre ?

— Les baleines ne servent à rien, dis-je au chef mécanicien. Pourquoi se fonder sur la valeur d'usage et pas carrément sur la valeur intrinsèque de la nature ?

C'était là une distinction trop compliquée, et je perdrais du temps à l'expliquer, tandis que les gens voient toujours leur intérêt ! me dirent en substance et presque ensemble Harry et Charlotte. Leur vision des choses était d'un bloc. Ils étaient sûrs de parer au plus urgent. Je sus que j'avais affaire à l'action pure et, chez Harry, à la décontraction que peut produire un pessimisme assumé.

— Et c'est à dessein que je parle au présent, me fit remarquer Harry. Le temps manque pour attendre calmement la fin des massacres. Notre monde se métamorphose à grande vitesse. Nous causons une hécatombe. Nous colonisons la Terre, nous exterminons les autres espèces. Regardons notre pouvoir en face ! Les animaux sauvages n'ont pas assez peur de nous ! termina-t-il en riant.

Tous souriaient à la caméra comme s'ils faisaient un pied de nez au futur spectateur, celui qui demeurerait hésitant, regarderait, douterait, poursuivrait le cours de sa vie. Mais Harry ne riait que pour la forme et il me dit :

— Je ne vois pas comment être optimiste. Les dangers que notre mode de vie fait courir à la nature s'amplifient d'année en année. Le progrès n'est pas mis au service de la cause juste.

Magnus ne se mêlait pas à ces débats. Nous étions convenus que je filmerais surtout les autres. Je voudrais que Gaïa ne tourne plus autour de son capitaine ! m'avait dit le capitaine. Il s'occupait de la navigation.

— On est bientôt parés, répétait-il. Tout l'équipage est à bord, David ?

— Pas encore, capitaine, répondait le second.

— Bon sang, qu'est-ce qu'ils foutent ? grommelait alors Magnus pour lui-même.

La date prévue pour notre départ n'était que le lendemain, mais le capitaine piaffait, retenu avant de s'élancer. Il voulait prendre la route du sud et se fortifier une nouvelle fois dans l'action. Je savais qu'il était capable, chaque fois que c'était nécessaire, de partir sans pilote ni autorisation officielle. Il donnait l'ordre du départ tout simplement et comme il était superstitieux il faisait bénir le bateau.

Le plein de carburant était fait, les vivres étaient rentrés. Je vis passer des ballots de literie. Notre quartier-maître avait beau être jeune (c'était une Irlandaise de vingt-neuf ans), elle faisait preuve de diligence et d'efficacité. Je compris ainsi que Magnus aimait l'excellence, le capitaine souffrait de toute médiocrité.

— Cette fille-là, vois-tu, fait tout à la perfection, me souffla Magnus. Tu n'as jamais besoin de passer derrière. O'Brien, ça ne te dit rien ? Elle a été championne de tennis. Elle vient juste de prendre sa retraite ! Elle est de Londonderry, un coin qui ne fabrique pas des mauviettes. C'est elle qui a payé le moteur. Un diesel allemand. Quatorze mille chevaux, ça te parle ?

Non ça ne me parlait pas mais j'écoutais Magnus s'extasier sur l'hélice à pas variable enclose dans une tuyère. Comme je souriais, sa main fit le geste de jeter l'éponge :

— Tu ne peux pas comprendre ! conclut-il. La vitesse a toujours été notre point faible. Si nous voulons arrêter les braconniers et les renvoyer chez eux bredouilles, il nous faut le navire le plus rapide. C'est très important. Voilà la leçon que j'ai tirée des campagnes passées. Les occasions n'ont jamais manqué, mais nous les avons parfois manquées faute d'avoir le bon moteur. Cette fois-ci nous ne serons pas distancés.

Le chef mécanicien avait terminé ses contrôles. Tous les niveaux étaient vérifiés. Le temps de ces naufrages parce qu'une pression faible compromet la fuite dans une mer trop dure aurait pu nous sembler antédiluvien si seulement nous avions pensé à de telles aventures. Harry Brent était un horloger avec sa machine. Il avait longtemps travaillé dans l'écurie de formule 1 la plus prestigieuse d'Angleterre, il lui en restait une oreille qui entendait le moindre mot de la mécanique. On le voyait encore introduire une sonde, resserrer un joint, découper ou souder une pièce de métal. Personne n'y connaissait rien excepté lui, qui était méticuleux à l'extrême. Le guindeau était graissé. Dès que Magnus en donnerait l'ordre, l'ancre serait levée. Le navire était prêt à prendre la mer.

L'*Arrowhead* était une vieille bête de mer. Cinquante-quatre mètres (cent quatre-vingts pieds) de long, six cent cinquante-sept tonnes de déplacement, une coque faite d'acier épais de un pouce (deux centimètres et demi), quatorze mille chevaux. C'était un brise-glace robuste qui avait été un navire de recherche de l'industrie des pêches norvégiennes avant de servir à la protection des océans à Aberdeen. Il avait connu les tempêtes de la mer du Nord. Des colonnes d'écume immaculée s'étaient levées à la verticale devant lui. Sa proue avait piqué dans des creux semblables à des vallées. Les vagues et les rafales l'avaient frappé comme des coups de poing. Les imprécations du vent ne l'avaient pas découragé. Il avait été tel un fragment de la terre qui se détache et s'en va naviguer sur la part liquide du monde. Il avait connu plusieurs capitaines, tous souverains obéissants, qui savent que les hommes et la mer réclament des règles. Ces pensées me l'embellissaient. J'ai aimé ce navire comme on le fait des objets qui nous offrent le passé qu'ils contiennent. L'*Arrowhead* me léguait ses aventures. Magnus se montrait amoureux de cette acquisition faite grâce aux dons que suscitait Gaïa. Il l'avait acheté aux Écossais. Fort de sa coque rivée et soudée, l'*Arrowhead* était capable d'affronter les glaçons de l'Antarctique. Il n'était pas si rapide mais maniable, ce qui pouvait en faire le moment venu un intercepteur. Magnus le repeignait à chaque campagne de sorte qu'il ne fût pas reconnu des braconniers. Je le découvris noir et gris, qui me faisait penser à une grosse araignée posée sur le drap bleu des mers, à la couleur du deuil, à quelque chose qui tranchait brutalement avec le ciel et l'océan. Par instants il me symbolisait la mort. À tribord, sur la cloison métallique du poste de pilotage, les drapeaux des navires éperonnés étaient dessinés côte à côte faisant de l'*Arrowhead* une sorte de trophée naviguant. Cela me disait que rien n'arrêtait Magnus : pas de pitié pour les pilleurs d'océan.

L'*Arrowhead* était prêt à prendre la mer. Les ponts balayés semblaient vides et spacieux. Deux hors-bords rangés sur le pont principal dormaient sous des prélarts. La grosse aussière de remorquage était pliée. Ni la table des cartes ni la cuisine n'avaient encore servi, le journal de bord était vierge. Les instruments attendaient la volonté d'un homme. Combien de personnes à bord, Becker ? demanda Magnus l'après-midi du deuxième jour après mon arrivée. Vingt-six personnes à bord, capitaine, répondit le second.

Nous étions au complet.

6

Un bourdonnement de voix me signala que tout le monde était sur le pont. Nous partions et j'étais en éveil et rien ne me retenait. L'extrême tension de l'attente enfin se résolvait. Nous ferions route vers les îles légendaires où vivent des animaux qui ne connaissent pas les hommes, au milieu du Pacifique, à mille kilomètres au large de l'Équateur. Le départ s'annonça par une vibration sous mes chaussures. Magnus s'illuminait d'un sourire qui s'adressait à l'horizon. Un vent doux étreignait le bateau dans ses souffles, la mer bientôt l'attraperait dans ses courants, toute morosité s'évaporait, la joie pure de l'instant isolé me saisissait. Je me sentis délesté. *Nous* nous sentions délestés. Il ne restait que le poids et la puissance de ce pronom uni sur la surface mouvante : nous. Nous, dans l'immensité des eaux de l'hémisphère sud.

Cela se passait il y a huit ans. Gaïa ne possédait pas sa flottille actuelle, ni hélicoptère, ni drones, ni cette immense réputation qui a crû sur toute la planète. Mais la foi de Magnus était déjà une source à laquelle s'abreuvait l'équipage international. Vingt-six personnes, huit nationalités, tous les âges, tous les chemins, et les deux sexes. Outre notre championne Morgan O'Brien, un nombre inhabituellement élevé de femmes participaient à cette campagne. Le capitaine Wallace n'éludait pas le trouble que, par les voies du cœur, le "beau sexe" (c'était l'expression qu'avec humour il affectionnait) peut semer à bord d'un navire. Il l'avait constaté dans toutes ses expéditions maritimes. Les histoires sentimentales se terminent toujours mal ! Il y a moins de femmes que d'hommes et les prétendants se battent, voilà tout, avertissait-il, comme s'il avait été assez naïf pour croire que l'on décourage le désir. Il n'avait pas tort. Néanmoins comment faire ? Magnus n'était pas misogyne. Si une fille se présente, aussi motivée qu'un homme pour défendre les cétacés, je l'embarque évidemment ! disait-il. Non sans le bref sermon sur la mixité et la compétition amoureuse. Il avait ses allergies et ses emportements : il n'aimait pas les ongles peints et que l'on arrivât sur son navire avec une allure de la ville. Adieu le règne des apparences ! plaidait-il. Plus graves encore étaient les défauts de caractère. Il ne voulait pas de paresseux. Les tests étaient vite faits : Tu rechignes ? tu discutes ? Tu rentres chez toi. Il craignait les vantards, les couards et les orgueilleux. Sur un bateau il y a des défauts qui tuent, disait-il. L'égoïsme en était un. L'incapacité à reconnaître une erreur, une trop grande fierté aussi pouvaient être fatales. Car parfois il faut décider en un clin d'œil de prendre la fuite ou d'interrompre une poursuite ! Ceux qui le connaissaient bien riaient avec lui à cette idée. Ensemble ils en avaient vu de belles. Je me le représentais. Car le capitaine avait appris à désobéir. En découvrant que les autorités sont vendues, il avait conçu qu'il n'avait plus de maître. Il était seul. Ni simple manifestant, ni opposant, il était devenu un agent extérieur de la loi. Il me figurait un rameau du grand arbre des hommes qui, dans l'histoire du monde, se battent pour que ce qui désunit ou détruit ne triomphe pas sur la Terre. Quand donc Magnus avait-il cessé d'obtempérer aux autorités maritimes qui contrecarraient son bon droit ? Juste après l'affaire du *Léviathan*, me raconta Lola Bakewell qui se le rappelait, elle qui était une vétérante.

— Plus jamais il n'a suivi un bateau pour rentrer au port ! Les eaux internationales sont devenues notre refuge.

Lola comptait parmi les membres de la première expédition. Elle était de ceux qui avaient décidé de rester à bord pendant l'éperonnage du *Léviathan*. Car Magnus avait donné le choix à son équipage : prendre part à l'action ou bien faire son sac et quitter le bord.

— Quand il a commencé à agir jusqu'au bout, les gens pensaient qu'il était dingue. Quinze personnes sont descendues du bateau ce jour-là. Plantées sur le môle avec leur bazar, elles nous regardaient. La plupart disaient que c'était illégal, qu'on ne pouvait pas attaquer ce baleinier, me raconta Lola. C'était illégal ! dit-elle en riant, mais au regard d'une loi qui valait quoi ? On l'a fait quand même !

Anglo-Brésilienne à la chevelure moutonneuse et rousse, Lola appartenait à l'équipe de cuisine commandée par une Française, Cécile Duval, jolie rebelle parisienne élevée dans les beaux quartiers, tatouée et percée, ancienne élève de la première promotion de l'école Vatel à Paris. Longtemps je crus Cécile amoureuse en silence du capitaine. En réalité elle le servait partout, maîtresse des fourneaux depuis le jour où leurs chemins s'étaient croisés dans un meeting contre les essais nucléaires. Ils étaient compagnons d'armes. Déployant sa créativité, ce maître-queux se pliait à la règle contraignante du véganisme : ni animaux, ni produits animaux. Était-ce par un amour étendu à toutes les créatures de la Terre qu'elle cuisinait avec prévenance pour les bêtes et la vie ? Elle partageait avec Magnus l'idée que l'interdit fait progresser. La prohibition des essais atomiques ou celle des tests sur les animaux en avaient donné la preuve : quand on l'y obligeait, la science trouvait des substituts sans danger.

Lola, Cécile, Morgan, toutes ces filles avaient vu le monde et elles ne l'avaient pas aimé. C'était en tout cas ce qu'elles me racontaient.

— Je me réjouis de nourrir des défenseurs des bêtes plutôt que d'engraisser des Parisiens qui roulent en 4 × 4 et consomment du sac plastique, m'avait dit Cécile quand je fis avec elle un morceau de film. Toutes nos pratiques contredisent les grands discours que nous tenons !

Elle simplifiait par là une position en réalité documentée.

— J'écrirai un jour, me promit-elle, j'écrirai ces petits actes qui en disent long sur nous.

Elle voulait parler des valeurs qui avaient notre priorité et de l'exploitation de tous par tous dont nous nous rendions coupables en les embrassant. Elle pensait au peu de place que nous faisions à autrui, qu'il soit d'une culture ou d'une espèce différente, aux crimes qui se perpétraient en toute impunité dès lors qu'ils avaient une rentabilité.

— Qui sommes-nous pour faire ce que nous faisons ? me demanda sans sourire la jeune Parisienne, cherchant de ses yeux noirs à décrypter ce que je pensais.

Cécile est la plus théoricienne de toutes, elle aurait dû être professeur de philosophie et d'éthique, me dirait plus tard Magnus, mais elle pense que la nourriture définit l'être, a conditionné notre évolution et peut créer notre avenir. Alors elle a fait de sa cuisine son quartier général !

Et Morgan préférait défendre les baleines plutôt qu'entraîner des jeunes déjà contaminés par le système, qui rêvent de devenir célèbres et milliardaires en jouant au tennis.

— Quand j'étais petite fille, me dit-elle, je dormais avec ma raquette. Et je rêvais du coup parfait, du match faramineux, du dépassement de soi-même.

L'argent avait gâché l'esprit du sport, comme il gâche souvent ce qu'il s'avise de valoriser. La sportive et l'activiste se retrouvaient sur cette idée et je n'étais pas loin de la partager avec eux.

Morgan était une belle femme athlétique qui ne faisait pas de chichis avec sa beauté ou son palmarès. Cette modestie me plaisait. Je ressentais un courant de sympathie, une de ces attractions à la fois amicales et érotiques dont on ne se défait pas facilement et qui sont souvent réciproques. Pourtant je laisserais Morgan au fiancé qui l'attendait en Irlande et c'est Lola que j'aimerais ; en secret nous deviendrions amants, sans que rien ne pesât, pour le temps de la campagne – un avenir auquel nous ne demandions rien.

Lola était biologiste. Le travail m'a toujours été salutaire, me dirait-elle un jour. C'était une femme qui avait souffert de l'amour sans se laisser tomber dans le puits du chagrin. Elle avait connu l'urgence de changer sa vie pour rester en vie. Je le sus plus tard, un jour qu'elle me dit : Je suis allée vers les bêtes pour ne plus voir les hommes !

— Ou plutôt pour fuir *un* homme, rectifia-t-elle. Vous savez, celui qui n'est pas mort, que vous aimerez toujours, mais qui n'a plus besoin de vous !

Je fis mine de saisir sans poser de questions indiscrètes. D'ailleurs je saisissais bien.

Elle avait achevé seule l'éducation de trois enfants avant de signer le fameux chèque en blanc à Magnus, ne cédant pas à cette tentation qui consiste à se plaire dans la peau d'une victime.

— Nous sommes la plupart du temps plus forts que ce que nous croyons, me dit-elle un autre jour où je la tenais dans mes bras (et elle prenait justement pour preuve de cette force notre histoire qui était une forme de renaissance), nous confondons sans cesse souffrir et être fragiles.

Je me sentais simplement heureux d'embrasser cette femme qui me touchait. Comme l'avait dit Magnus, en mer il y a moins de femmes que d'hommes et les prétendants se battent.

Aux différents postes, des hommes de tous les continents se rassemblaient au nom des mers. Je dois le dire, les volontaires bénévoles n'étaient pas des ratés qui se seraient amarrés à une bonne cause pour conjurer la faillite de leur existence. Ils n'étaient pas, comme on le sous-entend parfois, des gens qui n'avaient rien à perdre, sans attache, sans position sociale. Non ! Ils ne manquaient pas de compétence, ils avaient des diplômes et des métiers, l'impératif de se battre pour les droits de la Terre les en avait éloignés. Notre second, David Becker, était docteur en mathématiques. Marin depuis l'enfance, il était le meilleur navigateur à bord après Magnus. Ma thèse portait sur le rayon laser, me dit-il un jour. Un raisonnement mathématique c'est beau, mais après l'abstraction j'ai éprouvé un besoin d'incarnation. Anna Carvagge, comme je l'ai déjà dit était pharmacienne, Fabienne vétérinaire, Charlotte, professeur d'histoire. Cette diversité me parut prometteuse. Au fil des années, des gens divers se ressourçaient au contact des animaux. Nous eûmes un agent de change, un présentateur radio, un chauffeur de taxi, plusieurs ingénieurs, un navigateur, un ferrailleur, un boulanger… Et je n'ai pas encore évoqué Philippe Busch, océanologue australien, qui avait publiquement pris fait et cause pour Magnus avant de participer à quelques-unes de ses campagnes. J'aurais maintes fois l'occasion de m'asseoir à ses côtés dans les Zodiac dont il était le responsable.

Moi qui avais quitté la Norvège et ma famille à dix-huit ans pour faire le tour du monde, vendant mes photographies, griffonnant des carnets, reprenant deux années de cours à la fac puis repartant pour toujours, j'étais en somme le plus autodidacte sur ce navire. Personne ne s'en préoccupait. Magnus laissait à terre la vie ordinaire et ses hiérarchies nocives. Le sujet était ailleurs. La Terre qui saignait sur le drapeau de Gaïa était l'emblème rassembleur de cette mobilisation internationale. Le docteur F me faisait passer pour un amateur de littérature chaque fois que le soir au dîner il me demandait, les mains serrées en poing sous le menton, attendant avec sérieux ma réponse : Que lis-tu en ce moment, Gérald ? Nous échangions les grands romans que nous avions glissés dans nos sacs. Je suis content de t'avoir à bord, me disait le docteur, c'est une manière conviviale d'accroître ma bibliothèque. Je lui fis découvrir un auteur suédois qui était un conteur de génie.

— Ce Tunström, me dit-il, quel maelstrom ! Je plaisante ! Son *Oratorio* est superbe.

J'entendais que les jeunes parlaient beaucoup des baleines. Certains avaient potassé et connaissaient tout de l'animal archaïque et magnifique, les autres le découvraient en écoutant : La couche de graisse nécessaire à la thermorégulation peut atteindre cinquante centimètres ! plaisantait un garçon que je n'avais pas encore vu. Ah non, on ne trouve des dugongs que dans les eaux tropicales ! disait un autre. Autrefois, les marins prenaient les lamantins pour des sirènes, assura Charlotte Jauffret. Sûrement les fantasmes d'hommes trop longtemps privés de femmes ! lui répondit le garçon blagueur.

— Elle a raison, me confia Philippe en regardant Charlotte, on peut le lire dans les journaux des explorateurs.

Il disait que le passé nous enseigne à la fois le présent et l'avenir de la Terre.

— Les fossiles nous parlent encore, à vingt millions d'années de distance ! Nous observons les formes anciennes des espèces et l'évolution qu'elles ont connue. C'est en découvrant les ancêtres communs que nous pouvons établir des liens et des classifications, m'expliquait-il. Les os fossiles viennent confirmer les données de la génétique moléculaire.

J'en étais resté à la poésie des descriptions scientifiques qui s'étaient accumulées méticuleusement dès le dix-huitième siècle en Europe. Linné, Buffon, Lacépède, Cuvier, quelle tâche immense ils s'étaient donnée! Que faisions-nous pour leur succéder dignement?

— Nous éperonnons les pilleurs, avait répondu Magnus avec fermeté.

Depuis le matin nous filions cap au sud à travers l'océan sans limite visible. Dans la solitude du large, le silence était captivant, comme distribué par le ciel et l'eau autour du bateau. Peu de paroles profanaient ces instants, et quelques bruits de scie ou de marteau sur le léger ronflement de la machine. Les choses les plus merveilleuses réclament cette suspension du langage. Seul à la poupe, les avant-bras sur la rambarde, je filmais le sillage que laissait l'*Arrowhead* dans la surface à peine plissée. J'enfermais dans la boîte les boucles blanches de cette frise éphémère que traçait notre route dans l'indifférence de la mer. Il faisait beau et chaud. Autour du navire, les eaux étaient absolument tranquilles et l'air transparent. Leur beauté était celle d'un songe, et oui je rêvais. On revit aussi ce que l'on n'a pas vécu : pour ce voyage, je me sentais anglais comme celui dont je suivais le chemin. Le nom de Darwin saupoudrait son mythe sur notre expédition. À bord du *Beagle*, il avait navigué autour du monde entre le 27 décembre 1831 et le 2 octobre 1836. Prépare tes yeux à voir la même chose que les siens, me disait Magnus, ce qui hélas n'était pas vrai. Élargies par le progrès, les vannes du temps avaient déversé les transformations. Magnus se laissait aller à idéaliser une nature immuable. Prépare tes yeux. Cette perspective animait en moi une fantasmagorie dans laquelle je me complaisais comme si elle allait bientôt devenir réelle. Darwin ! J'aurais voulu posséder la tournure d'esprit et la distinction du savant naturaliste, orphelin névropathe, perpétuel travailleur, observateur et compilateur de génie, capable de remettre en cause la permanence des espèces et de taire son idée par respect pour la foi religieuse de sa femme. Quel degré d'émotion atteindrais-je en refaisant une odyssée qui était devenue celle de la vie ? Aux Galápagos, il y avait un siècle et demi de cela, le jeune Charles Darwin avait observé la diversité des espèces et collecté les spécimens d'oiseaux qui, près de vingt ans plus tard, seraient la source de ses découvertes. Notre expérience serait radicalement différente. Je pensais qu'en un siècle nous avions détruit ce monde-là. La Terre était consumée. Le grouillement de la multitude des créatures autour de nous se taisait. Protéger les espèces devenait plus nécessaire que les recenser. Aux Galápagos, nous vivions à l'heure de l'extinction massive. La profusion primordiale, le miracle de la diversité qu'avaient produite ensemble la génétique, le hasard et la sélection, avaient rencontré l'obstination, l'avidité, la prolifération et la puissance de l'homme.

— Le président guatémaltèque fait appel à nous pour mettre fin au braconnage, alors bien sûr nous y allons, expliqua Magnus le troisième soir après notre départ de Los Angeles. Les requins sont l'espèce la plus menacée dans ces espaces. On peut les exterminer en toute impunité, personne ne se soucie de leur avenir et de leur utilité. Ils viennent dans ces eaux pour se reproduire, c'est leur sanctuaire. Philippe vous parlera d'eux mieux que moi. Ils sont les plus anciens de notre monde, plus vieux que les dinosaures, plus vieux que les cinq continents. C'est une espèce à qui son adaptation a garanti une extraordinaire longévité. Mais si nous n'agissons pas, ils seront bientôt les premiers des grands disparus de l'Anthropocène.

C'était ainsi que Magnus qualifiait l'ère de disparition des espèces dans laquelle était entrée la Terre à cause de notre anthropocentrisme destructeur. L'homme était devenu un agent géologique. Le grand chimiste Paul Crutzen ferait adopter ce mot, qui disait que l'action humaine s'était substituée aux forces telluriques et aux changements climatiques pour définir une nouvelle période de la planète.

— L'Anthropocène se caractérise par un taux d'extinction cent fois supérieur au taux naturel tel qu'il est évalué depuis l'ère tertiaire. L'homme est une sale bête autant qu'une bête sale.

À ces mots, le capitaine fouilla dans sa poche et sortit son harmonica, manière de faire taire l'équipage après le dîner. Quelques accords, puis un salut de la main, et il partait s'enfermer dans sa cabine. Je m'aperçus qu'il était un grand solitaire, caractéristique étonnante chez un homme qui excellait dans l'art de convaincre et de commander.

La peur des requins, que l'on prétend instinctive, je la ressentais. Jamais je n'avais plongé pour en filmer un. L'ignorance fait le lit de toutes les frayeurs.

— Quand tu vois un requin furieux se jeter à pleines dents sur les barreaux d'une cage dans laquelle se trouve un soi-disant pauvre homme terrorisé, pense toujours qu'on a appâté l'animal et qu'un autre plongeur filme la scène du dehors ! me dit Philippe Busch. L'encagé n'est pas en danger. Tout le film est une mise en scène pour confirmer nos craintes.

Dire que pas une seule fois je n'y avais songé ! Qui ne se laisse jamais prendre à la manipulation des images quand il ne connaît pas un sujet ? Ou quand celui qui filme a été manipulé lui aussi ?

— Ce sont des animaux timides et indécis, me dit ce jour-là l'océanologue. Ils sont vulnérables et donc peureux comme tous les animaux. Mais nous en avons fait des monstres et nous y tenons dur comme fer ! C'est bizarre. Il faut à tout prix qu'ils demeurent ce péril invisible, cette ombre sous-marine, quelque chose qui nous excite terriblement à peu de frais puisque c'est une angoisse sans réalité. Le requin incarne nos peurs les plus archaïques, celle d'être dévoré tout entier, avalé, rapté, ou déchiqueté, mis en lambeaux sanguinolents. Je ne sais pas pourquoi. Nous défendons les ours et les bébés phoques mais nous détestons les requins et nous applaudissons à leur mort.

— *Les Dents de la mer !*

Philippe déplorait le mal qu'avait causé ce film. La peur engendrait le crime. En Australie, ceux qui chassaient les derniers des grands blancs étaient des héros ! Et les requins, merveilles abouties d'une évolution qui avait façonné la Terre, ne survivaient pas à cet homme moderne : avide et armé.

— Et puis le fric s'en mêle bien sûr. Le business du requin ça se chiffre en milliards de dollars, conclut Busch. La fourmilière asiatique se nourrit et se congratule avec le potage aux ailerons. Les riches croient par cet élixir résister au cancer et à l'impuissance sexuelle ! Et tu l'observeras tout de suite, les requins capturés sont de plus en plus petits. Ils n'ont même plus le temps de grandir.

C'était au nom des requins que l'*Arrowhead* avait mis le cap au sud. Autour de l'île Coco, à six cents kilomètres au large de la péninsule d'Osa quand on fait route au sud-ouest, des courants marins ascendants drainaient le plancton vers la surface, la chaîne alimentaire était en place : les petits mangeurs en attiraient de plus gros qui attiraient le grand prédateur. On trouvait là des bancs de requins marteaux, rassemblés dans la chaleur de ces eaux pour s'accoupler. Ces animaux dont nous ignorions tant de choses avaient une gueule qui suscitait la terreur. Les braconniers les torturaient avec une bonne conscience de diable. Nous venons contrarier ces brutes, les anéantir, disait Magnus. Il ignorait que nous allions découvrir un gigantesque trafic, et comment cette campagne, tel un coup de billard à plusieurs bandes, des années plus tard mettrait en péril sa liberté et sa vie.

Au sud-ouest de l'île Coco, rattaché à l'Équateur, l'archipel des Galápagos était un site protégé, interdit au public. Mais la pauvreté poussait les habitants à brader leur patrimoine biologique. Quelques gardiens de la réserve donnaient aux pêcheurs les horaires des tournées de surveillance de sorte qu'en les évitant ils capturaient des animaux. La chasse était aisée. Ignorantes du genre humain, les bêtes sauvages se montraient plus curieuses qu'effrayées. Iguanes marins, otaries, cormorans, venaient observer de plus près ces bipèdes habillés : les braconniers. Je fus rassuré de savoir l'intervention de Magnus sollicitée par les autorités. Le légitimisme étant encore à l'œuvre en moi. Jamais assez je n'imagine jusqu'à quel point il existe des États dans l'État, des bandes secrètes de malfaiteurs dont les ramifications atteignent les élus des soi-disant démocraties, et comment notre sécurité n'est pas assurée. Qui aimerait croire que les gouvernements des pays pauvres reçoivent des fonds et acceptent des investissements mafieux en échange de l'impunité, c'est-à-dire en bradant leur justice et leur honneur ? Et que les animaux, si loin des hommes, en paient le prix ? Magnus le savait. J'allais l'apprendre.

7

L'île, comme une boule de végétation encapsulée, apparut dans un halo de brume humide. À quatre mille neuf cents kilomètres de Los Angeles, après douze jours de traversée, l'*Arrowhead* stoppa ses machines. Sur le pont avec l'équipe des Zodiac, Magnus s'occupait d'enrouler les prélarts qui protégeaient les embarcations et leurs moteurs. C'était une journée où le vent, habituellement fort dans cette zone, était évanoui. La surface de la mer était lisse et nue comme le dos d'une main, un miroitement métallique sous le ciel blanc semblable à un édredon de nuages (que la végétation des îles fabrique, attire et rassemble). En dessous de nous, l'eau gonflait et se dégonflait avec de grandes ondulations lentes. Suspendues par une poulie, de chaque côté de la coque, les deux embarcations légères descendirent puis se posèrent sur cette surface qui respirait. Une compagnie de pélicans bruns planait sans un mouvement. Je m'installai dans l'un des dinghys. Nous pénétrâmes à petite vitesse dans les eaux protégées de la réserve. L'étoffe souple de cette mer poissonneuse était le royaume des braconniers, certains de rester impunis. La police des mers n'avait ici aucun moyen de répression.

— Ils n'ont pas d'argent pour protéger leur richesse, résuma Magnus dont le regard scrutait ces eaux merveilleuses.

Les yeux ne cherchent pas longtemps : nous croisons deux bateaux de pêche qui traînent une palangre de cent kilomètres de long. L'engin est infini. C'est une ligne munie de quinze mille hameçons que camouflent des appâts. Une machine à tuer, aveugle et passive. Déjà Magnus scande ses avertissements dans le mégaphone : Vous êtes dans un parc national inscrit au patrimoine mondial. Vous êtes en situation illégale ! Vous violez des traités de protection. Stoppez immédiatement. Vous êtes en état d'arrestation ! Les embarcations abandonnent la palangre et prennent la fuite, personne par ici n'ignore que cette pêche sans sélection est interdite.

J'avais enfilé ma combinaison de plongée, je chargeai mes bouteilles. Magnus et Philippe m'accompagnent. Le premier je descends dans l'eau, le capitaine me met dans les mains l'imposante caméra sous-marine dont le poids par l'immersion s'allège. Filme le plus de choses possible, dit-il, avant de culbuter à son tour par-dessus bord. Nous nageons sur un ou deux kilomètres le long de la palangre. Je vais bien, m'indique Magnus avec ses doigts, son mouvement précis me rassure. Il décroche chaque hameçon. Le premier mort de cette longue série est un petit requin dont la gueule ouverte montre les dents pleines de sang. Plus loin un espadon-voilier de belle taille, immobile, encore miroitant, dessine un trait oblique dans le bleu unifié de l'eau. Il s'est asphyxié en s'entortillant dans la ligne. Son œil noir et rond, profondément creusé dans son fuselage métallique, me regarde. Il était un poisson solitaire, fier et fulgurant, combatif, et personne ne l'a combattu. J'en éprouve la désolation. Chaque mort porte en elle toutes les morts, diffuse la sensation mélancolique de la perte.

Plus loin, je filme le mouvement obstiné d'une dorade coryphène qui a survécu, juste piquée. Elle nage en rond dans le diamètre défini par le fil qui la retient. Son front bombé exprime l'entêtement de la nature en elle. Nous la libérons. Comme une virgule mouvante, souple dans l'eau, elle s'éloigne. Je regarde trembler sa queue jaune, puis elle disparaît dans le bleu. Silence sous la surface. Nous sommes seuls avec les morts. L'hécatombe est vilaine. Les requins ont avalé profondément les appâts, puis péri, eux aussi entortillés dans la ligne. Ils se sont débattus, ils ont rué, mordu, frappé, en vain, s'enlaçant dans l'incassable lien qu'ils resserraient, de plus en plus tranchant, mortel sans prouesse, comme une filouterie faite aux bêtes. Leur gorge, immaculée jusqu'à la gueule, se tache de sang là où l'hameçon s'est planté. C'est le cœur navré que j'offre l'éternité de l'image à ces pendus, noyés, transpercés, qui étincellent encore dans l'eau, juste assez pour me rappeler leur splendeur perdue et attirer nos yeux sur leur assassinat. Est-il imputable à la seule pauvreté ? Ou à l'avidité ? À l'inconscience ? À la bêtise ? À l'extension hégémonique de l'économie des hommes ?

Magnus se promet de retrouver les bateaux. Calmes, dans la légèreté de ce monde sans pesanteur où l'homme s'est glissé comme un violeur, nous continuons cette libération des cadavres, que ramassent derrière nous Philippe, Charlotte et l'équipe du deuxième Zodiac. Au loin une forme sombre d'une taille plus importante attire mon œil. Magnus accélère, alerté lui aussi. C'est une tortue-luth. Sa carapace tachetée est suspendue verticalement comme à une corde à linge. Sa tête écailleuse supplie à s'en tordre le cou. L'étrange animal, si vulnérable dans sa cachette imparfaite, se débat faiblement. Avec précaution, Magnus retire l'hameçon. La lèvre piquée saigne là où le crochet l'a déchirée. Salopards ! répète le capitaine une fois à bord du Zodiac où vient de mourir la tortue. Pour quelques minutes il est une catapulte à injures, furieuse proie de son désarroi. Salauds de pauvres ! Crétins ! Imbéciles ! Ils ont de petits moyens de lutte et de grandes raisons de braconner... et cela ne s'arrête pas puisque personne ne voit rien dans l'immensité, puisque le butin est faramineux ! Nous en faisons le compte morbide, plus de cent requins, quelques thons, espadons, coryphènes, et la grande luth tachetée qui a affermi notre colère.

J'ai en haine les palangres, me dit plus tard Magnus. Il en existe qui continuent de dériver et de tuer longtemps après que les pêcheurs les ont perdues. Avant de s'immerger, elles tuent même les oiseaux ! Ils plongent en piqué et ils ne remontent jamais, ils se noient. Les appâts ne font jamais relâche. Ils travaillent au soleil et sous la lune, ils trahissent de jour comme de nuit, ils n'ont besoin de personne, ils sont là, ils attendent. Les animaux qui nagent en surface sont attirés et se font prendre au piège. Immobilisé, le poisson ne peut plus respirer : il meurt d'asphyxie, par une sorte de crucifixion sous-marine. Cela se passe sans cri et sans public. C'est le crime le plus dégueulasse : froid et crapuleux, à distance, qui n'implique personne directement. La conscience s'en frotte les mains. Et sais-tu que les pêcheurs font pression sur le gouvernement pour qu'il autorise ces saloperies de lignes à l'intérieur de la réserve !

Comment contrecarrer, dissuader ou convaincre ces pêcheurs à la fois malfaisants et minuscules ? Si pitoyables. L'équipage en discute le soir au dîner. Magnus est absent, qui parfois intimide les jeunes au point qu'ils se taisent. Il faut mobiliser l'opinion publique, il faut diffuser l'information. Il faut transformer chaque citoyen en veilleur plutôt qu'en pilleur, dit Anna. Pour cela, dit Lola, mieux vaut bouleverser que sermonner. Voilà pourquoi je sais précieuses mes photographies : la mort dans l'eau, les yeux éteints, les traces de l'agonie, les grimaces des gueules déchirées, le sang sur les ventres opalescents, tout parle d'un massacre de la vie et de la beauté. L'image se suffit, l'abomination se donne en spectacle. Exhiber ces clichés n'est pas indécent, c'est obligatoire, parce que chacun, très occupé par sa vie, se moque un peu de celle des autres et encore plus de celle des bêtes. Au plus loin qu'elle atteigne, l'éthique s'inscrit entre les hommes. Les photos immortalisent les actes et les victimes, ceux que les hommes font disparaître de la surface de la Terre. Personne ne veut regarder, les intérêts sont aveugles et le législateur laxiste, mais nous montrerons ces cadavres afin que cessent les captures, les tueries, qui sont l'expression irrespectueuse de notre présomption. Sur le pont de l'*Arrowhead*, je fais des clichés de cette moisson macabre. Philippe en recense les espèces. Je le regarde prendre des notes comme s'il était encore un de ces chanceux naturalistes dans un monde plein d'animaux inconnus. La queue d'un petit requin se soulève et retombe, martèle sa souffrance. Achevez-le! demande Anna. Mais déjà il est inerte. Les Zodiac sont rangés sous leurs housses. J'archive les bobines de films. Magnus est silencieux sur la passerelle, David à la barre, nous mettons le cap sur notre prochaine étape politique, Punta Arenas.

— On n'a pas fini d'en voir par ici, c'est le meilleur filon des braconniers, dit Magnus.

Il est assis devant la table des cartes, dans le poste de pilotage, et scrute un palangrier dont nous nous rapprochons. Courtois, efficace toujours, il me tend les jumelles afin que je regarde à mon tour.

— On dirait qu'ils ralentissent, me dit-il.

C'était signe qu'ils ramassaient leurs prises.

— Ils ont attrapé un requin, dit David.

Je rends les jumelles et m'attache à la caméra. Je ne la lâcherai pas. Je me cacherai même derrière elle. Agir est aussi une protection. Se concentrer sur une entreprise détourne du spectacle. Magnus a compris cela quand il était enfant. Au lieu de pleurer les morts, il a confisqué les pièges qui tuaient les animaux. C'était une chose qu'il aimait à se remémorer : J'avais dix ans, je sauvais les castors, les trappeurs voulaient me donner une raclée, ils ne m'ont jamais eu! Il est resté ce garçon consolé par son engagement. Celui qui se perd dans sa passion est moins perdu que celui qui perd sa passion. Ce proverbe de l'Extrême-Orient me paraît toujours *expliquer* Magnus.

Penchés au-dessus de l'eau, deux hommes en shorts effrangés, aux torses et aux pieds nus, remontent une ligne. Trois autres dans la même tenue misérable s'affairent sur le pont au milieu des grands barils habillés de sacs plastique dans lesquels ils font entrer, en les enroulant avec application, les mètres et les mètres du fil de nylon. La mécanique des bras ne s'interrompt pas, une main puis l'autre qui s'avance et tire et lâche puis y retourne, et bientôt la proie apparaît contre le bordage. Les pêcheurs lui sourient : le gros poisson est un billet de banque, un bon repas pour leurs familles. Ils sont diablement contents qu'il ait mordu. Puis ils rient carrément, dans l'effort qu'ils font pour hisser leur prise qui pèse et se débat. C'est un triste spectacle. Le rire et la souffrance. Inconscience ou cruauté ? Je voudrais le savoir. La frontière qui place d'un côté l'homme dont ils respectent la vie, de l'autre l'animal qu'ils tuent sans culpabilité, est-elle poreuse ? Un tel partage est-il un leurre ? Chaque crime porte-t-il en lui-même la possibilité de tous les autres ? Le petit requin n'a pas acquis leur considération morale. Pourquoi ? Et pourquoi des millions de gens qui veulent vivre ne pensent-ils pas à la valeur intrinsèque de la vie ? Cécile a raison, voilà qui en dit long sur le danger que représente l'homme lâché dans la nature.

L'hameçon le tenait par la gueule. Les braconniers le tirèrent hors de l'eau. Il se cabra violemment dès que sa peau perdit le contact liquide et toucha la matière de l'air. Une douleur branchiale le transperçait. Quand il fut à portée, l'un des deux hommes l'attrapa au bout d'une perche armée d'un crochet métallique qu'il planta dans la lèvre. Et le pêcheur ravi exhiba ce trophée qui gesticulait. Le long ventre blanc serpentait, se tordait sur lui-même, et tout son poids suspendu au seul crochet déchirait encore sa lèvre. La tendreté de la chair vivante était comme attestée par la blancheur immaculée. C'était un requin de petite taille. Il se débattait, les ailerons baissés, impuissant. S'il avait pu crier, le tuer aurait-il été plus pénible ? Cette pensée stupide me traversait, comme si j'avais pu ignorer l'infinie cohorte des êtres que leurs cris n'avaient pas sauvés, cris humains, cris d'enfants, petits cris des mammifères qui nous ressemblent. Les mouvements étaient des plaintes, le prédateur sans voix contractait ses muscles, il sinuait sa douleur. On le coucha sur le bois du pont. Le croc de fer le maintenait, badigeonnait le sang autour de ses dents et le frappait lorsque l'un des hommes s'amusait avec la perche comme s'il jouait avec l'animal. Tac ! Tac ! Tac sur la mâchoire. Où étaient les lames, qu'on découpe cette saleté de bête. Et le crochet retroussait encore la lèvre sur les armes tranchantes du monstre. Les pêcheurs riaient de la denture qui ne nuirait plus. Ils grimaçaient la peur et l'horreur comme des gamins, devant la double rangée de dents si pointues qu'elles faisaient une ligne de petits triangles isocèles, bien ordonnés sous la chair rosée. Et les hommes tuaient, sûrs de leur fait, sûrs de leur gain. Ils tuaient le monstre. Ils débarrassaient les mers de cette engeance terrifiante.

Je filme encore la mort et la violence du prédateur habile. Les hommes ont des mains qui attrapent, qui tiennent l'outil : un couteau cisaille les nageoires. L'aileron dorsal aussi est coupé, devenu ce piteux triangle de chair sanguinolente, aussitôt suspendu à la corde de séchage, cessant de faire partie d'un corps. L'œil de la bête mutilée paraît se dilater. Découpé vivant, le requin ne meurt pas encore, inapte et condamné. Trois nageoires et un aileron. De lui il n'y a plus rien à prendre. Deux mains le saisissent par sa queue raccourcie. Son corps tronc est jeté à la mer. Pendant un instant il semble voler dans l'air bleu puis il entre dans l'eau et disparaît. J'imagine le sang s'échappant des blessures. Secoué de convulsions vaines, le long corps fuselé descend, coule à pic, ombre de lui-même, lui le nageur rapide, la terreur des océans, devenu ce chicot de chair, cette dépouille remuante, muette et révulsée. Sa gueule s'ouvre et se ferme comme pour appeler un secours inutile, envoyer un message inaudible. Le sang tresse des rubans, colore des volutes que la bête traverse au long de sa chute. Puis l'animal estropié se couche sur le fond, n'en finissant pas d'agoniser, plus vivant que jamais dans sa mort à venir, l'œil ouvert sur la transparence de l'eau et le sable blanc. À bord du palangrier les deux hommes tirent la ligne vers la proie suivante.

— Ils savent qu'ils pêchent illégalement, ils ne vont pas continuer si on reste là, dit David.

Le capitaine avait prévenu les autorités par radio. Nous étions officiellement chargés d'escorter le *San José* jusqu'au port de Punta Arenas. Était-il illusoire de croire qu'ils nous suivraient, je n'en avais pas l'expérience, mais David avait saisi le porte-voix et je le vis sortir du poste de pilotage pour parler.

— Dis à ce salaud de libérer ses prises. S'il ne s'arrête pas, on lui confisque sa ligne, dit Magnus.

Un bras de fer s'engageait sur la mer. C'était de l'action simple, une assistance d'urgence à la vie en danger.

— Merde ! Ils sont rapides ! Vas-y ! Coupons-lui la route !

Les braconniers nous tiennent tête, insolents ils se moquent de nous. Comment se soumettraient-ils, ils détestent ce que nous représentons. Nous sommes leurs prédateurs, voilà ce qu'ils pensent. Je perçois leur morgue de pauvres qui nous méprisent de posséder le confort et la richesse et de méconnaître leur situation. Mais oui, ils se foutent de notre gueule, j'ai l'impression de le ressentir malgré la distance. Leurs mines de brigands nous narguent et s'en réjouissent. Notre présence exacerbe leur sadisme. Avec le sourire, ils nous montrent ce qu'ils font, attraper, tirer de l'eau, découper. Ils rigolent en balançant par-dessus bord les requins mutilés et l'un d'eux fait ostensiblement l'ample geste de lancer vers nous, qui signifie *je vous la jette à la figure cette tête de requin, tenez ! elle est pour vous, regardez-la bien*. Ils nous envoient nous faire foutre avec nos bons sentiments. Car ces sales bêtes ne méritent pas de vivre et tout le monde se moque de leur sort et leurs ailerons valent de l'or. Notre réprobation ne pèse rien face à ce pactole. Des bouées surmontées de petits drapeaux indiquent aux pêcheurs l'emplacement de la palangre. Les types s'en saisissent avec énergie. Un bras par-dessus le pavois de bois et hop la ligne est en main et on l'enroule dans les barils. Leur bateau, qui n'est pas si petit mais semble une barque en comparaison de l'*Arrowhead*, est rapide et maniable. Chaque fois que nous nous approchons, ils virent à toute vitesse et s'éloignent, et la pêche continue.

— Ils en ont pris un autre, vous le voyez ?

À la jumelle, je peux voir en effet un grand requin couché sur la pièce de bois qui sert à découper. On l'a laissé là. L'opération est remise à plus tard : les braconniers sont plus soucieux de nous échapper. L'animal n'est pas gênant, qui vit sa mort hors de son élément, remuant à peine, l'œil agrandi comme éberlué, impuissant et silencieux dans l'air qui le tue. Bientôt il sera parfaitement immobile, personne ne lui aura prêté attention. Même, ou plus encore quand c'est lui qui la donne, l'homme a chassé toute solennité de la mort des bêtes. Pourtant nous savons la prescience qu'elles ont de ce moment, comment elles vont s'isoler pour mourir, avec l'équivalent du courage et de la dignité que nous voulons témoigner nous-mêmes lorsque vient la dernière heure auprès des nôtres. Pour étrange que cela paraisse, les animaux savent mieux mourir que nous. Il arrive que la vie soit en eux moins tenace qu'en nous, me dit Lola, parce qu'elle connaît que les bêtes meurent parfois d'amour, ce qui est rarement le cas des hommes.

— On les remorque ou ils nous suivent d'eux-mêmes, demande-leur ce qu'ils veulent, dit Magnus.

— Ils ne répondent pas ! dit David.

Et maintenant le *San José* prend la fuite. Il pivote, nous montre son cul et met les moteurs à plein. L'accélération soulève l'avant du bateau. L'étrave grimpe sur l'eau. Ils se carapatent, c'est le mot, comme un insecte rampant qui fuit la chaussure prête à l'écraser.

— Ils pensent que si on les attrape ils perdront leur bateau, me dit Magnus.

— Et c'est vrai ?

— Ça peut.

La poursuite se durcit. Il faudrait noyer leur moteur.

David et Philippe manipulent un canon à eau qui arrose d'un puissant jet le palangrier. L'*Arrowhead* domine de toute sa hauteur l'embarcation de bois. De grosses bouées blanches roulent sur le toit qui déborde au-dessus du rouf où ont disparu les pêcheurs. Je vois aussi des ballots enveloppés de plastique vert, des filets, une citerne peinte en bleu. L'eau propulsée inonde ces équipements. De temps en temps une erreur de tir lance un arc d'eau au-dessus du bateau et arrose la mer. Je filme la scène. Je ne suis pas si accoutumé à la manière forte et ces pauvres types pieds nus sur leur vieille barque me font presque pitié. Lola aiguillonne une agressivité qu'elle juge légitime.

— Ce sont des salauds ! Tu as vu ce qu'ils font ! Ils n'ont rien à manger ? Pourquoi ne gardent-ils que les ailerons ? C'est délicieux la viande de requin, me dit-elle lorsque je lui fais part de mes impressions.

— On les percute ? demande David.

— On se prépare, il faut aller tout près, dit Magnus.

À la course, nous sommes les plus rapides. Le palangrier se trouve maintenant à quelques mètres, juste sous notre proue, comme si nous allions lui passer dessus et le réduire en débris. Nous le dépassons par tribord et nous voilà flanc à flanc avec lui. Le choc des coques secoue le petit bateau. L'embarcation balance fortement et nous cogne à chaque mouvement qu'elle fait vers notre bâbord. Je vois les grosses bouées blanches rouler sur le toit au-dessus du poste de pilotage. Notre canon à eau l'arrose encore largement. La traque ne cessera pas, l'évidence se fait. Torse nu, leur bandana enroulé sur la tête, les types sortent et nous font signe qu'ils signent la trêve.

Le *San José* accepte de nous suivre jusqu'au port où nous le livrerons aux autorités. L'équipe du Zodiac se met à la mer, file vers notre captif et installe le câble de remorquage. Activistes et braconniers, nous voilà liés. Dans l'espace ouvert de la mer, notre couple avance en file. À la poupe de son grand navire, Magnus debout observe le *San José* qui va dans notre sillage. Un instant je filme le capitaine. Il est en short, ses mollets brunissent au soleil, ses cheveux blancs se dressent dans l'air. Par habitude de résister au roulis il se tient les jambes un peu écartées, tel le justicier des westerns, sa silhouette massive se découpe sur le fond uni du ciel. Est-ce qu'il ne se la joue pas un peu ? diraient les mauvaises langues. Mais je sais comme il prend au sérieux non pas ce qu'il est mais ce qu'il fait. Pas de jeu. Il surveille les manœuvres. Le câble cisaille d'un trait noir la surface de l'eau, qu'il frappe au rythme régulier des variations de sa tension. Les six pêcheurs du *San José* ont disparu à l'intérieur du rouf.

Que fricotent-ils sous leur abri ? Nous ne tardons pas à l'apprendre. Ils ripostent sans perdre de temps. Leur activité nourrit une économie, ils bénéficient de soutiens, ils les font intervenir. Le capitaine braconnier n'a pas renoncé et bientôt nous devenons la cible d'une canonnière venue à sa rescousse.

— Le fric des requins se défend, dit Philippe Busch.

— On laisse tomber, on dégage, dit Magnus qui sait que ce commerce florissant fait chaque année des morts.

Sur le palangrier, les types reprennent leurs gestes à notre intention mais la signification a changé. On va couler ? On a perdu ? Je vois leurs pouces qui pointent vers le bas et leurs sourires dédaigneux. Qu'est-ce qu'on avait cru ? Mouchés les justiciers ! Bientôt ils nous tournent le dos. Je filme l'embarcation hérissée d'antennes, qui s'éloigne sous une pluie chaude dans la lumière du soir, balançant sur la mer argentée. À ce moment, j'aperçois ce qui fait de Magnus le contraire des chasseurs, pour qui justement lâcher une piste – ou une proie – est impossible. Magnus poursuit pour protéger, pas pour capturer et s'assouvir dans la traque. Il est combatif mais pas belliqueux. La nuance est de taille. Les braconniers fuient sous ses yeux, je ne lui vois aucun regret d'avoir perdu sa prise. Il est certes un homme d'action, qui sait perdre ou vaincre et pense au coup suivant, mais il sert une idée qui dépasse chaque série de coups. Il est tout à la tâche et à ses conditions. Au-delà des idéaux et de sa conviction, l'action est concrète, banale, un bricolage réel et prosaïque auquel le capitaine sait se résoudre. Il sait aussi que notre combat se gagne à la télévision à travers les films que nous diffusons.

— Tout est dans la boîte ? me demande-t-il.

L'*Arrowhead* a mis le cap sur le Costa Rica. Nous l'ignorons mais nous y sommes déjà des vedettes. Là-bas nous attendent une presse exaltée, les mensonges des pêcheurs clandestins et un mandat de perquisition diligemment signé du juge. Avant même que nous soyons à quai, un petit patrouilleur de la police nationale nous a rejoints. Une équipe de police monte à notre bord.

— De quoi s'agit-il ? demande Magnus à qui une main tend un papier.

— Vous n'êtes pas au courant ? s'étonne le fonctionnaire de la police nationale.

— Pas du tout, répond Magnus.

L'équipage du *San José* accuse le capitaine Wallace de six tentatives de meurtre.

— Ils étaient six à bord ? demande Magnus en se tournant vers David qui confirme.

La conversation en est-elle vraiment une ? Magnus explique notre mission.

— Nous avons agi comme nous le faisons toujours. Nous avons fait ce qui nous était demandé par le président guatémaltèque.

Cette information n'impressionne pas notre homme. Il porte un pantalon de toile beige et une chemise à fleurs. Des lunettes de soleil cachent son regard qui, lorsqu'il apparaît à la faveur d'un geste qu'il a pour les retirer, se frotter l'arête du nez et les remettre, ne me semble pas bienveillant. Dans le collimateur il a bien sûr le capitaine, mais également l'homme à la caméra, celui qui détient les images de l'épisode, moi !

— Vous avez les films ? me demande une femme un peu forte dont le visage est plus agréable parce qu'elle sourit.

Pourquoi sourit-elle ? Je ne le comprends pas du tout. S'amuse-t-elle des tracas que nous infligent ses collègues ? Ou au contraire de la manière dont nous allons leur filer entre les doigts ? Ou de l'injustice flagrante dont nous sommes les victimes encore inconscientes ?

— Nous ne les avons plus, ils ont été envoyés à nos correspondants, selon notre procédure habituelle, dit Magnus qui ne me laisse pas le temps de répondre.

La troupe entière des flics s'enferme dans ma cabine et s'empare de mes caisses d'archives.

— Débrouillez-vous, me dit le policier, nous avons besoin de toutes vos images.

C'est un comble mais c'est un système qui se défend : *ils* braconnent et *nous* sommes poursuivis.

— Ils vont être déçus parce qu'on ne va pas les aider, me souffle Magnus en me tapotant l'épaule.

— Avez-vous des armes à bord ? demande le flic qui ne nous lâche pas d'une semelle.

Magnus s'en va chercher le fusil, remisé dans un placard.

— Ah quand même… marmonne notre tourmenteur.

Maintenant je le filme, percevant son agacement devant la caméra que je porte sur l'épaule et qui circule avec nous partout où nous allons.

Assignés à résidence, nous serons convoqués au tribunal dans quelques jours pour rencontrer le juge en charge de notre affaire. Le *San José* hors la loi est devenu plaignant. Ce renversement ne semble pas surprendre Magnus. Le petit patrouilleur s'éloigne. En le filmant, je m'étonne qu'il soit flambant neuf, un superbe bateau de guerre léger, à la disposition d'une police en chemise à fleurs. Comment, n'ayant pas les moyens de protéger leur faune, les autorités maritimes disposent-elles d'un bâtiment comme celui-là ? Qui s'occupe de protéger les pilleurs contre les écologistes. Appartiendrait-il aux trafiquants ? Pour une police à leur solde ?

8

— Peuvent-ils nous arrêter ? Saisir le navire ? C'est tout ce que j'ai besoin de savoir pour l'instant, dit Magnus qui parle au téléphone avec notre avocat.

Il est calme, précis, pragmatique. Pas de déploration, pas de grogne, une simple question. Jamais le capitaine ne panique ni ne perd ses moyens. J'ai remarqué qu'il est presque impossible de le déstabiliser. Penser qu'on le dit fanatique a de quoi me faire rire. J'ai rarement connu pareille placidité chez un homme par ailleurs habité de convictions pressantes. Je le regarde, assis sur le siège pivotant et surélevé du poste de pilotage, posé comme un gros animal paresseux.

Où aurait lieu le procès ? Quel tribunal jugerait l'affaire ? se renseigne-t-il encore.

Puis il écoute la réponse en se grattant la nuque. Il porte directement sur la peau un de ces gilets de toile aux multiples poches qui ressemblent à un vêtement de trappeur. Ses bras sont nus, solides et hâlés par le soleil des tropiques. Par les larges entournures, son torse apparaît, blanc comme un ventre de baleine. Son apparence ne l'intéresse pas.

— Combien de juges ? demande-t-il.

Un rire le secoue.

— Ailleurs, je ne poserais même pas la question! fait-il remarquer à l'homme de loi dont je n'entends pas les paroles.

Je me contente de faire tourner ma caméra. À force d'être filmé, le capitaine n'y prête plus aucune attention, et je le vois parfaitement naturel. Mes films ne seront pas *joués*.

— C'est perdu d'avance! dit-il soudain, l'avant-bras suspendu dans l'air derrière sa chevelure de musicien.

L'équipage patiente en fabriquant des pièges à hélices. C'est une occupation sans intérêt qui fatigue les mains. Les filles y sont plus habiles. Lola enrôle Fabienne, Morgan et Charlotte. Je les entends discuter, Lola parle encore des baleines : Les grises, dit-elle, sont capables de jeûner pendant six mois, elles consomment la graisse qu'elles ont amassée dans les mers polaires. Tout en elles est extraordinaire, murmure Fabienne. En cachette je filme le petit groupe qui rêve. Magnanimes, dit Lola, c'est le mot qui les qualifie le mieux. Pourquoi viennent-elles encore vers l'espèce qui les a massacrées ?! Les filles rient. De quoi sont-elles curieuses ? s'amuse Lola. Il paraît qu'elles nous aiment! dit Morgan. Et elles s'aiment entre elles, dit Lola, elles s'unissent et se défendent les unes les autres. Elles sont intelligentes, dit Morgan. Éprouvent-elles la haine ? La colère sûrement, dit Lola, mais toujours une colère défensive.

Nous recevons à l'improviste la visite d'un activiste local qui connaît le nom de Magnus et a eu vent de notre affaire. Le lendemain il m'emmène filmer clandestinement les docks privés où sont installés les entrepôts de traitement, de conditionnement et de stockage des ailerons. Une longue rue est occupée par cette activité illégale. Derrière de hauts murs de béton, c'est un monde, un gigantesque trafic qui ne coûte rien – on envoie quelques palangriers, on se sert – et qui rapporte des millions de dollars – on ravitaille l'appétit asiatique. Une masse d'argent se fabrique sous nos yeux. La marchandise sèche sur des toits, s'empile sur des tables, avant d'être entassée dans des sacs à destination du Japon et de Taiwan. Dans ces ventres de toile encore ouverts, je reconnais des ailerons séchés dont les formes différenciées m'indiquent l'espèce de l'animal qu'on a mutilé. Des mains humaines touchent, avec la délectation de l'avidité satisfaite, ces triangles de chair séchée, à la couleur de métal mat, les tripotent, les soupèsent et les regardent, oubliant qu'ils furent la minuscule partie d'un corps vivant, l'engin de propulsion et de direction du prédateur des océans.

— Le pays vit de ce business, dit mon guide. Les routes, les autoroutes, les ponts, les immeubles, tout est offert par cette mafia en échange de l'impunité. On peut comprendre ! Qui refuserait pareille manne ? Toute la police est dans le coup.

Et il résume notre affaire :

— La police protège contre vous une opération de pêche illégale. C'est ainsi que le *San José* vous a échappé.

Debout sur le toit de notre camionnette, j'ai filmé les milliers d'ailerons disposés au soleil sur les toits de tôle ondulée et nous avons pris la poudre d'escampette dès que l'un des gardiens m'a surpris. Je ne serai plus le bienvenu dans ce pays, il paraît même que ma tête sera connue des trafiquants. Il y a des caméras partout. Nous roulons à vive allure sur la route empoussiérée qu'a offerte ce trafic. Ce pays vit du tourisme mais brade son patrimoine naturel, et qui le sait ? Comme je fais part de cette question à mon compagnon d'escapade, il me répond :

— Les officiels bien sûr, les pêcheurs qui n'ont rien… tous ceux qui ont intérêt à se taire et dont les revenus dépendent de ce pillage.

— Il faudrait organiser une manifestation contre ce trafic, dis-je, mettre le requin à l'honneur, en parler dans les écoles !

Et je vois qu'il hoche la tête.

— Ils vous arrêteront et vous pourrirez en prison indéfiniment, dit-il à Magnus quand nous regagnons le bord. C'est la méthode ici, tout le monde le sait, les gens meurent en attendant leur procès. En réalité, le juge attend qu'ils meurent pour en fixer la date.

La corruption de la police n'est pas une invention. Voilà que dès le lendemain les garde-côtes sont en route pour nous arrêter. Nous qui remplissons une mission de sauvegarde ! Tandis que les braconniers ont filé ! Sam, l'avocat de Gaïa, nous a avertis. Ainsi va le monde, rigole Harry. En vitesse, nous débarquons les jeunes volontaires qui ne sont pas mis en cause. Je regarde s'amenuiser et disparaître les silhouettes de la troupe inquiète, mais déjà résolue à fabriquer l'écho médiatique de cette affaire. Les bénévoles vont rejoindre la ville, d'où par avion ils rentreront chez eux. Pour eux la campagne s'achève sur une aberration. Pour nous commence une course-poursuite. C'est la première que j'ai l'occasion de vivre, ce ne sera pas la dernière, Magnus me dit : Je refuse l'idée de me livrer aux autorités corrompues. Les autorités corrompues ne manquent pas. On lève l'ancre pour déguerpir. Harry met en route les machines. Tiens-toi prêt à larguer les amarres. On dégage ! Machine arrière, doucement… Déjà l'*Arrowhead* s'éloigne du quai et prend de la vitesse. Il faut gagner les eaux internationales avant d'être interceptés. Il ne faut nous arrêter sous aucun prétexte et négliger les injonctions des garde-côtes.

— En avant toute ! ordonne Magnus.

Un superbe canot à moteur de la police maritime apparaît à notre poupe, puis nous rattrape, bondissant au-dessus des giclées d'eau et d'écume qu'il soulève. Son gyrophare n'est pas allumé mais les flics à bord nous font de grands signes.

— À quelle vitesse vont-ils ? demande Magnus sans s'émouvoir, concentré sur ce qu'il fait.

— Dix nœuds, estime David.

Je filme notre escorte antipathique et déterminée. Ils sont trois gardes armés, debout sur le hors-bord dont l'étrave se dresse sous l'effet du moteur arrière. Qu'ils tirent donc ! marmonne Magnus. Ce sera l'incident diplomatique, je ne crois pas qu'ils en veuillent.

— Je n'invite pas les types armés à mon bord, dit-il comme pour lui-même, tendu par l'attention, les yeux fixés sur l'espace de la mer devant lui.

L'équipe de pont s'affaire à entourer le navire de fils barbelés. Accroupie, Anna en dévide une bobine au pied du pavois, Charlotte et Fabienne font ensemble la même opération à bâbord. Morgan fait grimper les entrelacs au-dessus de la lisse.

— Qu'ils essaient donc de monter ! dit Lola.

— Baissez-vous ! crie Magnus qui craint les coups de fusil.

Le hors-bord voltige à notre hauteur, à deux cents mètres de nous à tribord. Les trois hommes font maintenant des gestes de colère à notre intention, ils nous ordonnent furieusement de stopper. À cette vitesse, secoués comme ils le sont, ils savent qu'ils ne peuvent pas viser.

— Non ! on ne s'arrête pas, les gars ! murmure Magnus.

Il n'obéira pas aux ordres de cette police maritime pourrie. Cette insubordination fait partie de sa légende, prête à critique, mais je vois que notre fuite n'est pas une blague. C'est un choix sérieux. Les types ont des fusils, le navire peut être confisqué, nous risquons d'être emprisonnés, or Magnus n'a pas de temps à perdre. Pour toutes ces raisons, il ne rigole pas. Il n'est pas un provocateur imbécile. Est-il une tête brûlée ? Les apparences pourraient susciter cette question. Il n'a peut-être peur de rien comme je me l'imagine, mais il a cette prudence de bon marin que ses audaces effraient. Il dose ses prouesses. Le temps a passé, les navires ont changé, mais l'âme du commandement vit en lui, ce devoir sacré qui est de ramener à terre les hommes qui vous sont confiés. Il est le seul responsable de ce minuscule univers qu'il conduit dans la chorégraphie de sa navigation. Et lorsque nous atteignons la limite des eaux internationales, je vois ses joues se gonfler et un soupir de soulagement s'échapper de ses lèvres. Déjà, comme par magie, le hors-bord a fait demi-tour. Sur la mer d'argent, enfin nous sommes seuls et saufs.

— Dans les eaux internationales, personne n'a le pouvoir de légiférer. C'est une chance pour nous, me dit plus tard Philippe Busch, mais c'est un grand mal pour l'océan, car le domaine pélagique échappe ainsi à toute surveillance.

Les eaux internationales c'est tout le problème ! répète l'océanologue. Nous connaissons peu l'économie intérieure des mers, c'est pourquoi il faut empêcher les dommages irréparables que pourrait causer cette ignorance. Instaurer des quotas de prélèvement en haute mer est indispensable. Or nous n'en avons pas les moyens et personne ne les a !

Pendant le dîner, la tablée restreinte nous rappelle notre défaite. Que font les jeunes à cette heure ? se demande Lola par une habitude maternelle. Magnus se remémore les anciennes batailles. C'est un de ses plaisirs autant qu'une manière de former les nouveaux arrivants. À sa table, le passé reprend de l'étoffe. Magnus nous en sert des fragments sans forfanterie. Son heure d'accomplissement, il l'a connue quinze ans plus tôt. C'était évidemment la plus inattendue de ses opérations médiatiques casse-cou : une première mondiale. Une bataille navale. Il en ravive l'aventure, il en palpe le souvenir, il s'en félicite : il était né pour couler ce foutu bateau.

— Je pourrais mourir aujourd'hui, j'ai fait ce que j'avais à faire. Je vous souhaite de pouvoir un jour dire la même chose, nous lance-t-il.

Et ce soir je vois qu'il fait encore ce qu'il faut : égayer des militants déçus par notre fuite. Je l'écoute. J'ai déjà entendu ce récit. Je trouve à Magnus une certaine violence quand il raconte cet épisode. Les mots rassemblent-ils la colère – la haine ? – qu'il a éprouvée enfant devant le meurtre des animaux ?

— La trouille qu'on leur a flanquée à ces viandards, la première fois qu'on a éperonné au lieu de discuter ! dit-il. J'avais averti ce fumier de capitaine par la radio. Je te tiens ! Je vais t'éperonner ! Tu ne nous échapperas pas espèce de salaud. Je lui parlais exactement de cette manière. Et comme il ne comprenait rien, il répétait : Qui êtes-vous ? Que voulez-vous ? Alors je lui ai dit : Regarde dehors, bonhomme. Tu peux rassembler tes matelots, saleté de tueur ! On les avait pistés dans tout l'Atlantique, ça n'était pas pour les saluer et s'en aller ! Je l'ai vu jaillir comme un fou de la cabine, ce Norvégien. (Magnus me fit un clin d'œil.) Il pouvait nous voir, à cinq cents mètres, on filait vers lui à toute vitesse. Lola, tu te rappelles leurs têtes à tous ces affreux ? (Lola eut un rire. Cette remémoration lui faisait plaisir. C'était un instant-clef, un moment fondateur qui avait déterminé toute la suite.) Terrorisés, effarés ! disait Magnus pour décrire les visages des marins baleiniers montés sur le pont. Mais on n'a pas hésité, ces types ne réfléchissaient à rien. Ils tuaient des baleines comme on pêche le maquereau. Des fils de pute, je n'ai pas peur de le dire. Ils avaient mérité une bonne leçon et ils l'ont eue. J'ai mis fin à leur carnage ce jour-là ! Ce fut un ravissement. Oh oui c'était le plus beau jour de ma vie. Ce vaisseau infâme qui avait causé la mort de milliers de baleines pendant vingt ans était là et j'allais l'emboutir à coup sûr. Je voulais frapper à l'avant pour détruire son harpon. Je l'ai percuté exactement où je l'avais décidé. Les tôles ont hurlé l'une contre l'autre. J'ai *adoré* ce vacarme ! (Rires.) Le premier coup a porté. L'étrave renforcée de notre *Mocha Dick* (c'était le nom du premier bateau de Gaïa) était faite pour briser la glace ! On ne s'est pas arrêtés là, je voulais la peau de ce navire. On a fait demi-tour autour de sa poupe et on s'est rués à grande vitesse sur son bâbord avant. Nos huit cents tonneaux ont cogné ce salopard et ça a fait très mal ! Nous n'avions aucune expérience en matière de sabordage mais la foi nous inspirait. On a foncé ! Nous étions sans quartier. Le choc nous a secoués nous aussi. C'était incroyable. On aurait cru écraser le baleinier, lui monter dessus et l'enfoncer dans l'eau. Le résultat n'était pas fait dans la dentelle : sa cale était éventrée sur deux mètres. On lui avait défoncé sa coque ! À ce moment, ils ont mis les machines en route, décidés à fuir pour trouver la protection de la marine portugaise. Le navire est parti. Comme il embarquait de l'eau par bâbord, la gîte était forte. Je n'avais pas honte d'avoir causé ça. On les a laissés filer. On s'est taillé la route, électrisés par ce qu'on venait de faire ! Est-ce qu'on n'est pas devenus nous-mêmes ce jour-là ? demande Magnus à Harry, et puisque ce n'est pas une question, le mécanicien ne répond pas. Il se contente de secouer la tête en signe d'approbation.

Cette fois-là, Magnus avait obtempéré aux menaces d'un croiseur portugais. Dans les eaux espagnoles, avec l'Angleterre devant à quelques jours de navigation, l'énorme navire d'escorte les avait surpris par-derrière, surgissant brusquement à la poupe, puis les dépassant pour leur barrer la route à bâbord.

— C'était stopper ou forcer le barrage, se souvient Magnus. On est rentrés au port avec les canons au cul ! Je l'ai toujours regretté, résume-t-il. Parce qu'à la fin, malgré les difficultés techniques pour nous inculper, on a perdu le *Mocha Dick*. Les juges ont été arrosés, ils ont confisqué notre navire, ils l'ont laissé piller. La mort dans l'âme, Harry et moi, on s'est glissés dans la nuit pour le couler avant de le voir transformé en baleinier. L'éperonnage nous avait donné ce courage. Votre action m'est sympathique, nous disait le capitaine du port, mais j'ai l'obligation d'en référer à mes supérieurs. On a vu où ça menait, les supérieurs… Noé nous savonnait déjà la planche en parlant d'anarchie et de menace pour les valeurs fondamentales de notre société. Quelles valeurs ? grogna Magnus. Le fric et la propriété. Plus jamais je n'ai cédé aux ordres et aux menaces, conclut-il.

Après le dîner ce soir-là, Lola vient me rejoindre dans ma cabine avec une fiole de whisky qu'elle ouvre et porte à mes lèvres avant de m'embrasser. Notre idylle ne pèserait pas ; telle une broderie fine nous la tisserions à côté de la vie, préservés du mal que l'on peut se faire en s'aimant, comme si le voyage et la mer nous offraient la légèreté salutaire, et cette entrée en matière est simple et franche comme Lola. Je demeurerai toujours touché je l'espère par cette rectitude qu'ont certaines femmes pour révéler leur désir à un homme. Personne ne le leur a appris, au contraire. Je n'y résiste pas. Je songe que se mobiliser réclame aussi de s'abandonner. Quand et à quoi s'abandonne le capitaine ? Il est étonnant que personne ne se pose la question.

— Sa mère a été tuée par un chasseur, murmure Lola qui pense encore à Magnus que nous venons de quitter.

— Je l'ignorais.

— Il n'en a jamais parlé. Il avait douze ans. Je crois qu'elle participait à une chasse. Il l'a vue morte couchée par terre, la tête sur le flanc d'un grand cerf qui avait été abattu avant l'accident.

Parfois cette image de l'humain et de l'animal rassemblés dans la mort se recrée au fond de mes yeux. Elle me bouleversa ce jour-là. Lola m'embrassait. Je ne parlais plus. Je ne lui demandai pas comment elle avait su cela. Je plongeai mes mains dans les boucles flamboyantes que le soleil avait éclaircies par mèches. La chevelure avait l'odeur de la mer, la foule des vents l'avait emmêlée, et je voyais sur ce visage les couleurs que cette mer, ce soleil et ce vent y avaient déposées. Mon sentiment devenait océanique. La vie est une traversée et l'amour est le capitaine, souffla Lola rieuse pendant que je dégrafais la combinaison bleu marine. Elle plaisantait par délicatesse mais au fond c'était une phrase de biologiste. Je trouvai ce jour-là l'asile d'une femme, le havre d'un corps, des bras qui m'enlaçaient, des cuisses qui m'enserraient et qui tels des ciseaux me coupaient de tout ce qui n'était pas le plaisir.

9

Plus tard, nous avons parlé de ce que j'avais filmé sur les docks privés des trafiquants et Lola s'est mis en tête d'organiser un meeting d'information à Punta Arenas.

— Si nous posons un pied dans cette ville, nous sommes arrêtés ! lui dis-je.

— J'accosterai par bateau, incognito. Il faut rendre ces pratiques publiques. Ne souris pas, ce n'est pas de la blague, je suis très sérieuse, je le ferai !

— Est-ce que les gens veulent savoir ?

— On ne leur demande pas leur avis ! Il faut leur dire : Voilà ce qui se passe, voilà ce que ça risque de causer, voilà comment vous en pâtirez ! Et si vous ne vous en moquez pas, aidez-nous à faire appliquer la loi. Faites pression sur vos politiques.

Je ne doute pas de la détermination de Lola qui fera ce qu'elle imagine, alors j'essaie de retenir ma fougue, je joue le rôle du défaitiste.

— Combien de personnes se sentent concernées par la forme du monde dans cinquante ans ? Les gens pensent qu'ils seront morts avant le désastre, alors ils se foutent d'un avenir qu'ils ne vivront pas.

— Je ne le crois pas, réplique Lola. Leurs enfants penseraient qu'ils ont été des cochons et ça ne leur est pas égal.

— Voilà un sentiment dont je ne sais rien, lui dis-je.

— Parce que tu n'as pas d'enfant ?

— Sans doute. Et parce que je n'imagine pas ce que c'est d'avoir une descendance, une sorte d'avenir charnel en somme.

Une ligne de partage nous séparait Lola et moi, je vis comme je l'amusais avec mon imagination rabougrie qui étonnait la mère en elle.

— Eh bien crois-moi, les parents ne se moquent pas du jugement de leur progéniture. Et aucune société n'accepte l'idée d'être barbare aux yeux des civilisations suivantes. Chacune se fait une haute idée d'elle-même et ceux qui dans leur époque la contredisent sont traités de vieux cons.

Comme je ne répondais rien à cela, elle dit :

— Beaucoup d'enfants devinent aujourd'hui ce qui est en train d'arriver à la Terre. Voilà ce qu'il faut dire à tous les parents : Vos enfants savent que l'écologie est le sujet primordial concernant leur avenir. Si vous vous en moquez, ils jugeront que cette omission est grave et que vous êtes responsables du monde détruit qu'ils ont trouvé.

— Gaïa devrait donc organiser des tournées d'information dans les écoles.

— C'est au programme figure-toi ! Et tu en verras les résultats. Je parie que nos enfants se tiendront mieux que nous avec les bêtes, dit Lola. Ils leur donneront des droits justement parce que nous les aurons maltraitées. Est-ce que tu ne crois pas que nous sommes infâmes avec le monde animal ?

Elle me semblait si émouvante tout à coup, parce qu'elle cherchait l'entente avec moi, et la communion amoureuse sans obstacle, au-delà de l'acquiescement.

— Nous sommes des grands singes arrogants... dis-je en paraphrasant Magnus dont j'aime le style.

— C'est une façon de parler, dit Lola, mais qui ne doit pas nous empêcher de nous demander qui nous sommes. Y réfléchir ne nous fera pas de mal.

— Mme Bakewell serait-elle ennuyée si j'allumais ma caméra ? demandai-je avec une courtoisie souriante mais décidée.

Et notre conversation prit le tour d'un exposé que je filmai.

Qui étions-nous ? Nous étions la génération qui avait rompu le pacte de la domestication. L'élevage intensif, les abattoirs industriels, tout ce qui accompagnait la surpopulation de la planète et la suralimentation des pays riches était une déshumanisation des pratiques, une désanimalisation des bêtes. Nous avions détruit le lien ancestral qui unissait les animaux aux hommes, et nous avions réduit le domaine sauvage qui leur était laissé en partage. Voilà ce que pensaient des gens comme Lola et Philippe, des biologistes, des océanologues, des éthologues. Je n'avais jamais conçu en ces termes cette idée. Un courant de pensée moderne réclamait un statut juridique intermédiaire pour les animaux, je n'en avais approfondi ni l'histoire, ni les raisons et les difficultés.

— Tu me concèdes que nous sommes à part dans le vivant ? dis-je à Lola.

Comme elle ne répondait pas, j'insistai :

— C'est la responsabilité qui distingue l'homme des autres vivants. Si nous nous reconnaissons des devoirs vis-à-vis des animaux, c'est bien que nous ne sommes pas des animaux comme les autres ?

— Quelle logique !

— S'intéresser à l'autre, c'est le propre de l'homme non ?

— Et le propre des animaux, murmura Lola, qu'en connais-tu ?

Lorsque je disais que le respect d'autrui nous caractérisait, Lola faisait la moue ! Nous nous appliquions à considérer la place des autres, mais les animaux eux la considéraient tout naturellement. Chacun prenait sa place, sans avoir à y penser. Voilà ce qu'elle me répondait. Quant à nous, il arrivait souvent que nous débordions largement sur le territoire d'autrui. Nos bonnes intentions ne suffisaient pas ! Cela ne nous dérangeait pas. Parce que nous étions capables de penser l'autre, nous nous laissions aller à notre toute-puissance. Rien pourtant ne nous donnait les droits que nous nous octroyions.

— Les bêtes sont la plus belle énigme en face de quoi nous nous trouvons, me dit ce jour-là Lola Bakewell après un silence. Le langage articulé nous sépare d'elles. Et notre capacité à formuler, à conjecturer, à contracter, qui en a découlé et qu'elles ne possèdent pas. Et c'est pourquoi nous pouvons nous imposer des devoirs envers elles, ce dont elles sont incapables. Mais cette capacité non partagée ne rompt pas la continuité qui existe entre elles et nous.

Je jugeais tout cela beau et même poétique, il fallait de l'imagination pour penser au monde animal. Je me représentais Lola accrochée au cou des bêtes, murmurant avec elles dans leur dialecte secret qu'elle comprenait.

Et comme je ne parlais pas, elle poursuivit :

— Quand j'étais enfant, mes parents avaient un chien que mon père frappait de toutes ses forces. J'aurais pu en défaillir de tristesse. Parfois je me blessais exprès, ou bien je faisais un caprice, juste pour créer une diversion, attirer sur moi l'attention et les foudres de mon père. Tu te rends compte ! Ensuite je disais au chien : Va-t'en ! Sauve-toi ! tout en restant le nez collé contre son flanc. Jamais il ne serait parti. Je sais qu'il m'aimait de tout son être. Il serait mort si j'avais disparu. Ni mon père ni ma mère ne seraient morts de me perdre. L'attachement des chiens, leur solidarité indéfectible sont bouleversants. Il était à nous et nous le faisions souffrir. C'était indigne, tout simplement.

— Ton père agissait comme si le chien ne sentait rien, comme on cravache un cheval.

— On ne cravache pas les chevaux… murmura Lola.

Qui sait encore se rappeler ce que nous devons aux chiens et aux chevaux ? dit-elle face à la caméra. Rien de moins que ce que nous sommes. Les biologistes évolutionnistes l'ont montré. L'homme est une déviation dans une évolution conjointe, permise par les bêtes. Le chien a été domestiqué il y a quinze mille ans, non pas parce que l'homme lui parlait mais parce que le chien est venu vers l'homme. Les bêtes nous ont tellement servis ! Les respectons-nous suffisamment pour cela ? Respectons-nous leur faiblesse et la soumission à laquelle certaines se sont prêtées ? Maintenant que la science reconnaît leurs émotions, on peut voir le problème qui nous est posé. Elles possèdent la conscience de la vie ! Elles sont à la fois sensibles et appropriables, ce qui est tout bonnement impossible.

— Tu défends toi aussi l'idée de délimiter une place entre les objets et les personnes ?

— Évidemment ! Les animaux ne sont pas des sujets mais ils ne peuvent pas être utilisés et jetés comme des objets. Ils pourraient être d'ailleurs des sujets sans être des personnes, et s'ils avaient des droits, il ne faudrait bien sûr pas les penser sur le modèle des nôtres. Nous ne pouvons plus traiter et consommer les animaux de la même façon qu'autrefois. Nous savons que nous dépendons d'eux. Nous avons évolué avec eux. Nous sommes advenus grâce à eux. Nous avons acquis le pouvoir de les détruire. Nous devons légiférer pour eux.

— Pour eux ? Pour quels animaux ?

Alors Lola me parla de la distinction qu'elle faisait, tout comme Philippe, entre les animaux qui ont une flopée de petits et ceux qui, à la manière des humains, n'en portent qu'un seul pendant une gestation longue. Ceux-là, les dauphins, les baleines par exemple, connaissent les émotions de la sympathie et de l'empathie, l'attachement, la transmission. Ils nous ressemblent ! me dit-elle. Comment pourrait-on les traiter comme de la viande ?

— La gestation serait fondatrice ?

— Elle l'est. Elle sépare des manières d'exister, comme si la nature avait choisi entre deux catégories d'êtres vivants : sophistiqués, longs à fabriquer, capables de se réparer – nous par exemple ! –, ou au contraire simples, rapidement reproduits, éphémères – comme les lapins ! plaisanta Lola.

— Je vois!

— N'en doute pas. La gestation longue fonde les comportements d'attachement. Voilà ce qui m'a fait rejoindre Magnus. Lorsque l'on frappe le baleineau sans défense, sa mère vient à son secours et meurt sous les harpons. L'engendrement la rend vulnérable. Près de la moitié des baleines harponnées chaque année sont gravides. Et ça ne choque personne! Imagines-tu que l'on mène une vache gestante à l'abattoir? C'est impensable. Et pourtant cela arrive chaque jour en mer. Il y a du chemin à faire concernant les pratiques sur l'immensité non surveillée des océans. Et c'est pourquoi nous sommes sur ce rafiot, conclut Lola avec fermeté.

Comme elle repense à ce que nous avons vu, elle dit :

— Ces requins que les viandards mutilent et rejettent à la mer, c'est juste inadmissible. Et cela nous dit des choses si épouvantables à propos des hommes! Avons-nous affaire à des brutes obtuses? Ou bien tous ces chasseurs partout dans le monde sont-ils ordinaires et pas révulsés à l'idée de tuer une baleine, de matraquer un phoque ou d'abattre un éléphant? La beauté leur échappe? Le profit les aveugle? La compassion leur manque? Ils frappent, ils harponnent, ils tirent, et sans délai dépècent et mutilent. Est-ce que tout le monde est capable de commettre ces crimes de sang? Car ce sont des crimes.

— Magnus pensent que ces gens sont perturbés.

— J'aimerais beaucoup le croire, dit Lola.

Elle n'en était pas sûre.

— Si nos enfants vivaient un jour dans un monde sans baleines, sans requins, cela voudrait dire que leurs pères les ont exterminés, conclut-elle. Et cela voudrait dire que nous les avons laissés faire... Voulons-nous laisser enseigner le meurtre par profit et le profit comme règle de survie ?

Je revoyais l'œil dilaté de l'animal pendant qu'un braconnier découpait son aileron. J'avais détourné mon attention, anesthésiant mon regard, filmant presque en aveugle, et c'était le silence de la bête qui m'avait ébranlé. Donner de la voix, piailler, hurler comme le font les singes, c'était le royaume de la terre. Ceux de la mer mouraient sans un bruit. Nous étions là pour crier à leur place.

Où allions-nous à présent ? Cette conversation me l'avait fait oublier.

— Et maintenant quoi ? demandai-je.

— À Santa Cruz, me dit Lola, Magnus va rencontrer les gardes de la réserve des Galápagos.

10

Le modeste port de Santa Cruz n'est que fièvre et agitation, de sorte que Magnus ne rencontrera aucun garde ! Un ciel matelassé de nuages coiffe l'île comme un couvercle sur un chaudron. Les touristes richissimes qui ont attendu des années et payé des fortunes cet extraordinaire voyage courent après leur skipper local, happé par l'événement intérieur. Le vent des tropiques caresse ce tapage. On ne voit circuler le long des pontons que des hommes en short et en rogne, levant les bras en l'air pour rouspéter, se frappant les cuisses de dépit, regagnant tête basse des bateaux, des hôtels, des bungalows où leurs épouses pleurent sur les tortues et autres iguanes auxquels elles ne rendront pas les hommages escomptés. Des équipes de chercheurs en mission, plus autonomes, tentent d'apaiser la colère des insulaires. Depuis quelques jours des négociations violentes opposent les pêcheurs locaux au gouvernement équatorien. Cette population qui habite dans les îles réclame la levée des quotas de pêche et l'autorisation des palangriers. En attendant la décision, les pêcheurs séquestrent les employés de la réserve.

Le jour où nous accostons, le groupe des rebelles menace de tuer le directeur. Magnus accorde un entretien filmé à l'envoyé spécial d'une chaîne de télévision nord-américaine. Il dit les choses comme il croit qu'elles sont, sans éluder la réalité prosaïque qui fonde les motifs.

— Vas-y mollo, suggère David qui connaît les élans jusqu'au-boutistes de son capitaine.

Mais la situation paraît aisément lisible.

— Ces gens ont à peine de quoi vivre, explique Magnus. Mais ce ne sont pas des imbéciles. Ils ont compris que les spécimens de la faune unique qui peuple ces îles ont une grande valeur économique. Ils étaient autorisés à prélever ce qui est nécessaire à leur alimentation, mais ils exportent désormais dans le monde entier. Les pauvres n'aspirent souvent qu'à devenir riches, il ne faut pas perdre de vue cette vérité. Un trafic s'est mis en place. Les prises ont augmenté. Le conflit avec l'administration de la réserve a éclaté. Voilà où en est la situation.

— Quelle est la solution ? demande le journaliste.

— Il y en a une, affirme Magnus, mais elle suppose une volonté et une coopération de la part des représentants des nations du monde. Et c'est là que le bât blesse. Comme d'habitude !

Le capitaine sourit à son interlocuteur, pour lui dire : j'espère que vous avez compris que l'obstacle est toujours le même. Puis il poursuit :

— Depuis Darwin, nous considérons les Galápagos comme une zone à la faune exceptionnelle, ce qui en fait un patrimoine mondial de l'humanité. Il est temps de savoir ensemble ce que nous voulons. Désirons-nous conserver cet endroit intact ? Si la réponse est oui, nous devons en payer le prix.

Or nous laissons l'Équateur se débrouiller avec les interdits.

Imaginez que vous viviez sur ces îles, dit Magnus à son interlocuteur. Est-ce à vous de payer, du prix de votre confort d'existence, le désir des autres de protéger le lieu où vous vivez ? Personne ne pense cela ! Chacun veut le maximum pour lui-même ! Qui se priverait à ce point pour quelque chose dont il ne retire aucun avantage ? Ce qui est le cas ici puisque même l'écotourisme est limité, afin que les animaux ne soient pas dérangés. Il faut que les habitants de l'archipel reçoivent une pension que les nations leur versent, en compensation de ce qu'elles interdisent au nom de la protection de la faune.

— Vous pensez que cela serait suffisant pour arrêter les trafics d'animaux ? Les gens n'en voudraient pas davantage ?

— Ces mesures et ces subventions s'accompagnent nécessairement d'une éducation. Partout où les animaux doivent être protégés contre le braconnage local, on apprend aux habitants que ces bêtes constituent la richesse de leurs villages et de leur pays. Le danger ici ce serait de financer une oisiveté. Puisque la principale occupation est la pêche… Il faudrait que les pêcheurs deviennent des employés de la réserve. Évidemment tous ne pourraient pas l'être. Mais il est possible de conserver une pêche vivrière, elle n'a pas d'impact écologique. Il faut aussi que la demande d'animaux se calme. Les zoos, les collectionneurs, les consommateurs, partout dans le monde, doivent s'interdire d'acheter. Je pense depuis longtemps que l'industrie de la captivité est une pratique cruelle. L'enfermement torture tous les animaux enlevés à leur milieu naturel. J'appelle les familles à ne plus emmener leurs enfants dans les delphinariums et autres parcs d'attractions animaliers.

— Vous y croyez ?

— Si je n'y croyais pas, je rentrerais chez moi et je vivrais différemment ! Je ne suis pas défaitiste. J'ai foi dans l'action individuelle. Nous n'avons pas besoin des masses et nous ne comptons plus sur l'initiative des États. Ni les masses ni les États n'ont jamais mené aucun combat pour les droits de qui que ce soit. *Nous* combattons. Nous levons une petite armée qui fera bouger les masses et les États, une poignée de gens convaincus qui mettront leur énergie au service de cette bataille. C'est ce que je m'occupe de réussir.

— Ne me parliez-vous pas à l'instant des représentants des nations du monde ?

— Si on ne les pousse pas au cul, ils ne feront rien ! Ils l'ont prouvé depuis cinquante ans. Leurs réunions sont devenues une fin en soi. On y discute et on se congratule, on en profite pour voyager, mais il n'en sort jamais rien. C'est grave. Je crois dans la force de quelques individus inspirés qui résistent au mouvement d'ensemble. Dans toute l'histoire de l'humanité, ces preux originaux sont les seuls à avoir fait bouger les sociétés.

— Vous définiriez-vous ainsi, capitaine Wallace ? Comme un preux original ?

— J'ai autre chose à faire que me définir. Ce qui importe c'est ce que je fais !

— La vérité, dit encore Magnus, c'est que les habitudes et les mentalités, eh bien ça se modifie. On peut agir sur ce que croient les gens. On peut leur faire découvrir que ce qu'ils jugent normal, légitime ou naturel, ne l'est pas. Par exemple manger de la viande, utiliser des sacs de plastique pour faire ses courses, aller au zoo, laisser tuer des animaux rares, se moquer de leur souffrance ou de leur mort, rester indifférent ou inactif alors que la Terre est saccagée. On peut leur apprendre que manger du poisson est non seulement devenu mauvais pour la santé mais nuisible pour la planète ! Oui ! Arrêtez de manger les océans ! C'est le message que la télévision devrait transmettre.

— Il suffit de le dire à la télévision ? Ou de faire parler Claudia Schiffer ? (Petit sourire du journaliste.)

— Vous avez raison de le remarquer, dit Magnus, nous ne négligeons aucune méthode qui fait ses preuves. Et les stars peuvent avoir des convictions, dit-il en souriant à son tour. Il se trouve que les masses y sont sensibles. Ce serait dommage de ne pas en profiter ! Trêve de moqueries, nous avons déjà fait beaucoup de chemin, vous savez. Il suffit de regarder un film du capitaine Cousteau pour s'en apercevoir. La plupart des gens seraient horrifiés par ce que l'équipage de la *Calypso* se permettait avec la mer et les animaux. Mais oui ! Je vous assure que l'on n'en revient pas quand on visionne les films. J'ai beaucoup d'admiration pour Cousteau mais nous ne voyons plus l'océan qu'il a vu et nous savons des choses qu'il ignorait. Une étape a réellement été franchie. L'écologie a *déjà* pénétré les esprits. Le respect de la nature a grandi. Il faut qu'il croisse encore. Les gens sont prêts à savoir et à se mobiliser. Vous voyez que je suis loin d'être découragé. Je ne me sens pas seul ! conclut-il de l'air de l'homme qui se réjouit.

— Votre pronostic pour ces négociations ?

— L'homme est le seul prédateur qui ne prévient pas de ses intentions : je n'ai pas de pronostic !

— Capitaine Wallace, je vous remercie, dit le journaliste à l'antenne.

Puis il serra chaleureusement la main de Magnus.

— Comptez-moi parmi vos admirateurs, dit-il. Bonne chance !

— Pourquoi ne pas l'avoir dit devant la caméra ? s'étonna Magnus avec malice et détermination.

— L'impartialité du journaliste…

— Au cul, l'impartialité ! Mouillez-vous. Posez les questions cruciales. Nous ne pouvons plus les attendre. À quel point de la courbe de sa vie croyez-vous que la Terre soit arrivée ? L'heure est grave et je ne suis pas une Cassandre en vous disant cela, dit Magnus en saluant déjà d'un signe de la main.

Il s'était éloigné et il cria au jeune type qui souriait :

— D'ailleurs, n'oubliez pas que Cassandre n'avait pas reçu le don de convaincre mais qu'elle avait raison !

C'est chose faite, le directeur de la réserve a été tué, nous ne savons pas de quelle manière – ces gens ne sont pas des tueurs, comment ont-ils bien pu s'y prendre, tuer un homme est difficile, à froid de surcroît. Cette nouvelle nous étonne autant qu'elle nous inquiète. Elle dit quelle ampleur et quelle importance a acquis le trafic. Des étrangers ont peut-être infiltré les groupes locaux, attisant à dessein la violence, prêtant une main criminelle et plus experte. Quelques heures plus tard, le gouvernement cède sur les quotas. Les otages sont relâchés. La pêche à la palangre demeure interdite. Mais ce n'est que partie remise. Magnus ne se cache pas de le penser. On peut rentrer ! dit David qui pense que notre réputation d'extrémistes dessert la cause de la réserve. Retirons-nous de l'échiquier avant de troubler la partie. Magnus n'est pas de cet avis. Alors que le capitaine et son second n'ont pas fini de discuter, nous sommes aimablement mis à la porte ! Partout les écologistes dérangent ceux qui se croient fondés à décider qui va vivre et qui va mourir, qu'est-ce qui est légal, toléré, illégal. Tous ces gens bâillonnés par l'intérêt se tiennent les coudes, déplore Magnus.

L'*Arrowhead* met le cap sur Los Angeles. Retour à la case départ. En novice qui a besoin de s'évaluer, je fais l'inventaire des résultats de cette campagne. Nous avons vu de nos yeux mais nous n'avons rien empêché ! Magnus n'est pas frappé, il a une étonnante capacité à affronter la cruauté, il ne se cache pas les yeux. Je perçois sa nature coriace qui a l'habitude de l'échec et de la difficulté. Agir, poursuivre, ne jamais interrompre l'action, j'ai devant moi un activiste dans l'âme. Qui se défend de cette sorte de regard rétrospectif. Garde les yeux sur l'objectif ! me dit-il quand je lui confie mes regrets.

11

Dans les mois qui suivent cette expédition, j'achève le montage d'un film sur le trafic des ailerons. C'est un documentaire militant qui espère changer l'idée fausse que les gens se font des grands prédateurs marins et faire du raffut, afin de révéler le massacre auquel l'indifférence ou la peur infondée laissent libre cours. Frapper les esprits, c'est ce que nous voulons. L'équipe cherche des phrases qui claquent, des mots que l'on n'oublie pas, des formulations qui étonnent. "Le requin n'a aucune idée de sa puissance, il a peur." "Le requin a un cerveau de poisson rouge." Pour en témoigner, je filme Philippe Busch flanc à flanc avec un grand requin blanc. Message : le prédateur n'en est pas un. Et quand les couteaux entrent en scène, leurs lames disent : le prédateur est devenu une proie misérable. Ou encore : le prédateur n'est pas celui qu'on croit. Lola Bakewell vient poser sur ces images une touche de biologie évolutionniste : il faut faire entrer dans la tête humaine, si hautaine, l'idée que peu d'animaux sont nuisibles, et sûrement pas le requin.

Cécile Duval publie un livre sur le véganisme. L'un des paradoxes de notre époque lui rend service : les familles ne font plus la cuisine mais les livres de recettes font un tabac. Peut-on encore manger les animaux ? C'est une vraie question, dit à ses compatriotes notre maître-queux. Je veux faire comprendre aux gens que l'écologie est une éthique des petites choses, une pratique quotidienne à laquelle chacun peut s'appliquer, affirme l'auteur. Les ventes sont énormes. Le succès couronne cette réflexion provocatrice aux yeux de ceux qui voient encore dans "la viande une fois par jour" un acquis social fondamental. La presse, qui sert autant à divertir qu'à informer, s'empare de quelques données spectaculaires et amusantes : l'industrie de la viande polluerait davantage que l'industrie automobile ? Les gens n'en reviennent pas. Et les cochons dans le monde mangeraient plus de poissons que les requins ? Génial ! La pisciculture est bientôt classée catastrophe écologique dégoûtante. Nous voyons se fabriquer une idée bien ancrée et, pour une fois, elle est exacte.

Lola et Philippe se retrouvent ensemble à Paris sur le plateau de télévision d'une émission consacrée aux animaux. L'homme est-il un animal comme les autres ? s'interrogent ensemble des philosophes, des éthologues, des biologistes. Nous mesurons à cette invitation combien la notoriété de notre mouvement s'est affermie. Lola se montre si bouleversante que des centaines de lettres affluent à son nom au siège administratif de Gaïa. Magnus saisit l'occasion pour effectuer une tournée en Europe. Gaïa ouvre une filiale française dont Fabienne Roux devient la présidente.

Je rencontre en France des cinéastes de talent qui jettent toutes leurs forces dans un film consacré aux profondeurs des océans. Toujours l'obsession de montrer la beauté vient à ceux qui veulent la protéger. Ces gens ont une telle estime pour l'action de Magnus qu'ils ont envisagé un moment d'en faire le héros d'une fiction. On dirait que nous ne sommes plus seuls, s'émerveille le docteur F. Et c'est vrai ! D'autres que nous alertent l'inconscience. Ils écrivent l'impérialisme de cette âme humaine qui se croit unique. Ensemble, sur les écrans des familles tranquilles, nous diffusons l'agonie des bêtes. Nous faisons éclater ces bombes : le spectacle des braconnages en mer. Réveillerons-nous des défenseurs ? Il le faut. Sans quoi la Terre bientôt sera vide. Humains et non-humains auront disparu. Car leurs sorts sont liés. Voilà ce que nous répétons à un système qui s'est emballé et fonce dans les dangers qu'il a programmés.

Bien sûr, l'*Arrowhead* parcourt les routes de la mer. Les occasions ne manquent pas : les océans du monde n'abritent plus que des espèces menacées. Les commissions internationales chargées de fixer les limites à la pêche industrielle sont contrôlées par des lobbies puissants qui ont partie liée avec les États. Magnus envenime volontiers ces questions de sorte que l'on ne puisse pas les passer sous silence. Il révèle les pressions, les trocs, les achats de votes, la corruption jusque dans les commissions internationales. Il n'hésite pas à demander quand il doute. Les députés de tous les parlements d'Europe essaient-ils seulement d'évaluer la portée des autorisations qu'ils votent ? Les fonds des mers sont vidés, raclés, parfois détruits. Les spécialistes sont muselés ou achetés. Ils peuvent crier autant qu'ils veulent, personne ne les entend quand ils prédisent l'extinction prochaine d'une espèce, phénomène dont la mathématique est pourtant parfaitement modélisable. Les conséquences de ces disparitions biologiques ne sont ni envisagées ni éclaircies. Qu'est-ce que ça fait? demandent quelques imbéciles qui croient que nous pouvons vivre sans les poissons, sans les animaux, en vainqueur unique de la lutte pour la survie. L'avenir n'est pas pensé. Et le monde pêche sans états d'âme, la morue dont les grands bancs sont menacés, le thon rouge qui est devenu l'or des mers, et jusqu'au krill, la seule nourriture des baleines et des pingouins. Magnus intervient violemment. Cette fois encore il ne se l'interdit pas. Nous faisons scandale en envoyant des plongeurs couper les filets en mer Méditerranée.

— C'est drôle comme les destructions matérielles émeuvent et indignent tellement plus que les catastrophes écologiques, déplore Magnus quand il est sollicité pour commenter l'événement. Ça ne vous choque pas? demande-t-il au journaliste. Moi si!

Des milliers de thons sont sauvés, l'opération est sensationnelle et non revendiquée. Noé dément toute responsabilité, indigne frilosité qui fait rire Magnus. Les pilleurs protestent contre le vent : notre force d'intervention est un équivalent des agents secrets de la marine américaine, des nageurs de combat capables d'agir seuls et de s'évaporer quand la situation devient délicate. L'extraordinaire, c'est qu'ils mènent ces missions pour sauver des animaux. Il faudrait dire "pour sauver des espèces", puisque les poissons n'ont pas pour nous une individualité.

— Notre combat est celui de la diversité, parce que nous connaissons l'interdépendance. L'héritage que nous avons reçu ne peut pas être perdu ! Comment accepter que le travail des millions d'années de l'évolution soit anéanti en quelques minutes par un vote, une autorisation, une inattention ? demande Magnus. Au siècle du crime contre l'humanité, nous sommes révolutionnaires en ceci que nous défendons des vies non humaines. Nous nous occupons des choses qui n'appartiennent à personne et dont tout le monde peut abuser. Une action qui cherche à préserver la beauté et l'intégrité de la communauté globale est forcément juste.

Magnus enchaîne les conférences, les départs et les atterrissages. Quitter la terre, aborder la terre, c'est le lot des marins et la vie qu'il a choisie. Rassembler des fonds, recruter le nouvel équipage, vérifier le matériel, entretenir le bateau, contacter les médias, gagner son propre revenu, tel est l'engagement habituel. La pression de l'argent est constante et le soulagement de Magnus est apparent lorsque la proue prend la direction du large. Son visage avale la mer ! Il s'en va vers le gaillard d'avant prendre du champ devant la platitude vivante et bleue. Filme ! me dit-il au moindre accrochage. Les films sont ses boucliers. Je fais des images qui sont des preuves et des archives. Toute accusation mensongère devient réfutable : Nous n'avons pas tiré ! Nous avons fait plusieurs sommations avant d'éperonner. Nous ne perçons jamais que des chambres de stockage ou des cabines, au-dessus de la ligne de flottaison. Il n'y a aucun risque de marée noire ! J'étaie la défense et Magnus emmène les esprits en voyage. La Sibérie, la Norvège, les îles Lofoten et Féroé, l'Islande. Les îles Balleny, la mer de Ross, les îles Aléoutiennes… il attire l'attention sur ces coins reculés et inhospitaliers du monde, qui sont comme des abstractions sans réalité, dont le nom est inscrit sur les cartes et dont personne ne se soucie. Que se passe-t-il là où vous n'allez pas ? dit-il aux gens. Je vais vous le raconter. Il remonte aussi le temps. Il rappelle des histoires oubliées, des meurtres anciens. Il ranime le souvenir des espèces exterminées dont nous ne verrons plus les formes. Ces animaux étaient pacifiques, dit-il, et nous étions inconséquents. Une conscience de la nouvelle fragilité du monde nourrit son ardeur. Ce que l'on croyait solide, inaltérable, inatteignable, ne l'est plus, dit-il partout. Il donne des exemples, il fait des révélations. Il montre la violation des citadelles polaires. Il dénonce les massacres perpétrés au nom de coutumes pernicieuses et sanglantes. Où est donc la tradition puisque les chasseurs utilisent des armes modernes ?

En mer il attaque, à terre il parle. Son *modus operandi* ne varie pas, son langage se durcit, sa notoriété grandit comme un poisson qui vieillit. Gaïa est devenu un vaste mouvement international. Les sympathisants sont innombrables. Les leaders d'opinion, les officiers, les capitaines, les bénévoles ne se comptent plus. Ils tissent sur le monde une immense toile solidaire. Plus rien n'arrêtera cette ample insurrection contre la prédation massive.

— Quelquefois je pense que j'ai recruté mon premier équipage par une simple petite annonce, se rappelle Magnus.

Il pourrait se tenir quitte. Il continue. Il ne connaît pas ces moments où un homme doute de ses choix, envisage de faire avec sa vie le contraire de ce à quoi il l'emploie, et découvre qu'il n'y parvient pas. Sommes-nous capables de vivre autre chose que ce que nous vivons ? Le capitaine ne se pose pas ce genre de question. Il n'a pas le sentiment d'avoir le choix. Abandonner ? Cette option n'existe pas, dit-il. Il poursuit son action, il connaît cette chance d'approuver sa propre existence, il n'envie rien ni personne. Il a choisi sa méthode. Nul ne va aussi loin que lui. Une chance le sert : il a l'art inné du geste théâtral. Il sait capter l'attention et le public l'aime.

La pensée de l'action s'affûte. Le concept de "biocentrisme" est défini. Je suis un activiste biocentrique, je pense que les autres espèces ne sont pas inférieures à la nôtre, répète Magnus à la une des médias.

Le discours essentiel est martelé.

Les hommes doivent se montrer dignes des bêtes. Tous les animaux sauvages ont des droits. On ne tue pas un être sensible comme on briserait un objet. Il existe parmi les hommes des barbares qui aiment verser le sang, des brutes qui assouvissent sur les bêtes un besoin de tuer. On ne peut plus l'autoriser. De tels actes relèvent du crime.

Qu'est-ce que c'est qu'être écologiste ? David et Harry partent le dire dans les écoles, projetant aux enfants le film documentaire qui accompagne cette profession de foi.

— Nous sommes les citoyens du monde et ce monde est un tout petit village dans le cosmos, conclut Lola.

— C'est vrai, ce que tu dis ? demandent les gosses attentifs.

— Oui, dit Lola, tu peux en parler avec tes parents ! Nous multiplions les fronts.

Et moi je filme. Les médias sont les nouvelles armes. Enfin les crimes des pilleurs sont montrés. Fini l'impunité, exposons les trafics au grand jour ! tel est le mot d'ordre de Magnus. Je filme comme si je sauvais le monde de lui-même en le montrant. Ma caméra est-elle un miroir que je lui tends ? Je filme les conférences et la tête des élèves quand on leur raconte ce qui se passe pendant qu'ils étudient. Je filme le visage de l'un d'eux qui se détourne lorsqu'un pêcheur enfonce ses index dans les yeux d'une tortue pour lui faire ouvrir la bouche. Je filme les interventions de Magnus. Je filme les campagnes de l'*Arrowhead* : la flotte baleinière nippone, les tirs des baleiniers à notre adresse, nos Zodiac à la mer, nos manœuvres, nos éperonnages. Je filme les filets dérivants qu'un treuil sort de l'eau pendant que tombe violemment sur le pont du navire une pluie d'animaux morts catapultés par l'enroulement. Je filme la chasse aux phoques et la police canadienne qui frappe les militants de Gaïa venus s'interposer. Le long de la côte de l'Alaska, dans une odeur de putréfaction, au milieu des mouches attirées par les chairs mortes, je filme les dépouilles des morses décapités pour leurs défenses d'ivoire. Les corps ont été abandonnés sur les grèves. Quelques oiseaux viennent y piquer leur bec. Les vents soufflent sur ce massacre. La mer de Béring est déserte. Si loin des villes sophistiquées, dans cet espace inhabité et glacial, personne ne risque de voir ce spectacle, me dis-je, voilà ce qui rend possible pareille tuerie. C'est donc l'invisible que je filme ! Je révèle les crimes clandestins.

Je soulève le drap de la pudeur politique. Elle protège les armées industrielles de nos guerres économiques et territoriales.

Les eaux silencieuses se troublent des échos de la bataille humaine pour vivre, survivre, progresser encore. Les sous-marins, les stations de forage, les navires militaires, émettent à basse fréquence et désorientent les animaux. Je filme les échouages que causent ces ondes qui sillonnent les océans. Je filme les catastrophes pétrolières en mer. Caché derrière son sigle en coquillage, prévoyant l'épuisement des sources accessibles en gaz et en pétrole, le géant des hydrocarbures accroît le nombre des projets d'extraction sous-marine. Consulté sur cette question qui a occupé en vain les négociations de la Commission baleinière, Magnus parle.

— En cas de fuite ou de marée noire aucune technologie ne permet de nettoyer les eaux, personne n'en disconvient, rappelle-t-il. Les zones d'alimentation des grands cétacés sont menacées par cette pollution. Au large des côtes russes la baleine grise occidentale n'a plus qu'une centaine de représentants.

L'information fait rire. Se préoccuper ainsi des bêtes paraît-il infantile ? dérisoire ?

— Une vingtaine de femelles, précise Magnus.

Les rires augmentent. Est-ce que ce type plaisante ? se demande-t-on peut-être quand on ne pense pas comme lui.

— Rien n'arrête les multinationales, poursuit Magnus, êtes-vous certains de vouloir ce qu'elles veulent ? L'engloutissement en mer des déchets toxiques, les pesticides ? N'êtes-vous pas écœurés par ces pratiques ?

L'ambassadeur de la nature rappelle le profit qu'accumulent des compagnies en vendant elles-mêmes aux gouvernements les dissolvants polluants censés exploser les molécules de pétrole.

— Elles déboiseront la Colombie le jour où la guerre civile finira dans ce pays ! dit-il. Personne ne s'en est avisé, mais les guérilleros sont l'ultime rempart contre le pillage et la destruction de la biodiversité dans ce pays. Renseignez-vous, souffle-t-il, excédé, au journaliste.

Lorsque je suis libre, je filme la beauté qui subsiste, je pars en plongée rencontrer les animaux. Je veux déchiffrer leur grâce fugitive, fixer à jamais la précision naturelle de leurs mouvements. Je filme les grands coureurs d'océan, les dauphins, les baleines. Je filme la forme la plus audacieuse que prend la pêche chez les orques : l'aileron qui rôde, le monstre qui sort de l'eau au risque d'échouer son grand corps sur la plage, la stupeur des otaries quand l'une d'elles vient d'être happée au bord des vagues. Je filme les grandes tortues qui enfouissent leurs œufs dans le sable et les miniatures fraîchement nées qui en brisent la coquille, courent fébrilement vers l'eau, sous le ciel plein d'oiseaux qui les dévorent. Je filme aussi Magnus au téléphone avec sa fille. Elle rejoindra bientôt notre cause, dit-il. Encore un domaine où il semble n'avoir pas de regrets. Elle a un petit manteau rouge, des gants et un bonnet, c'est cette image que j'ai en tête, m'a-t-il dit. L'enfant grandit et l'image demeure la même ! remarque-t-il. Il paie sans se plaindre le prix de ses combats. Une maison, une fillette, la vie familiale n'est pas pour lui. Il s'est séparé de son épouse le jour où elle l'a sèchement prié de choisir entre elle et la mer. Elle voulait que j'aie un job sérieux, est-ce que je n'ai pas un job sérieux ? demande-t-il sur le ton de la plaisanterie. J'ai préféré mon idéal à son paradis domestique, j'ai choisi la mer évidemment, dit-il avec plus de gravité. Et ses yeux sont traversés par une mélancolie. Les cavaliers de la mer rendent malheureuses les femmes qui les aiment, et ces mots qu'elles disent, tu m'avais promis…, comme si la terre était vivable et l'amour suffisant, ils les entendent parfois dans la nuit, sous le vent.

Et tout ce temps durant, Magnus amène son bateau bien-aimé aux limites de la Terre. L'*Arrowhead* est vraiment un vieux tas de ferraille ! déplore David Becker. Mais le capitaine sait exactement ce qu'il peut demander à son navire. On dit qu'il faut un an pour connaître un bateau et savoir comment il se comporte. Le capitaine sait. Et il voit le grand suaire parcouru par la houle. Où sont passés les géants gracieux, les rois des mers ? Les eaux se dépeuplent. Encore trois ou quatre décennies et il n'y aura plus rien à faire, la prophétie s'accomplira, la désertification sera une réalité. Nous voyons le vide se faire aussi dans le ciel. Les mailles perfides des filets dérivants, imputrescibles, piègent les pêcheurs volants. Des routes qu'enchantaient autrefois les oiseaux sont désormais silencieuses. Les albatros, les fous de Bassan, les pélicans, tous ont disparu. Le bout de leurs ailes ne caresse plus la crête des vagues. L'immémorial pullulement de la planète se raréfie. Je ne jouis plus du silence qui nous enveloppe. Sa qualité a changé. De plus en plus souvent Magnus reste enfermé dans sa cabine, invisible au reste de l'équipage. C'est sur terre qu'il faut parler, me dit-il.

12

Et c'est sur terre qu'il parle ! L'apogée de notre communication cette année-là est atteint pendant les Journées pour la mer, organisées par Philippe et Lola. Des tables rondes rassemblent des chercheurs et des militants du monde entier : ceux qui nettoient les plages méditerranéennes côtoient un instant ceux qui replantent du corail dans le Pacifique. La presse assiste aux rencontres. Une gerbe de messages frappent les esprits.

Magnus répond aux questions d'une salle pleinement coopérative.

— Bien sûr que je ne suis pas rationnel ! Je suis farouche et blessé par ce que je vois. Pourquoi devrais-je nier la part sentimentale de mes motifs ? Je ne veux tout simplement pas d'un monde sans baleines. Elles sont les chimères sublimes de notre monde. Elles sont l'imaginaire à portée d'observation. Il faut les admirer ! Il faut en faire notre legs. Je veux que mes petits-enfants connaissent ces animaux magnifiques et bienveillants, qui continuent de respecter les hommes après des décennies de tuerie. Le mystère de cette mansuétude me touche. Je refuse que par la faute de quelques brutes, aidées de la multitude des ignorants, les mers soient dépouillées de cette faune. Nous avons déjà trop perdu ! Je crois que la planète autrefois regorgeait d'animaux. Ils se partageaient d'immenses territoires vierges et l'océan leur appartenait. Désormais l'homme se glisse partout. Je souffre ce que souffrent les bêtes. Les affres de leurs agonies répétées, personne ne me les sortira de l'esprit. C'est cette empathie qui me porte. Je suis à leur place et je me bats à leur côté. Je réclame à mes concitoyens plus de grandeur d'âme. Je leur dis : Puisque nous avons développé les moyens d'une extermination massive, nous devons posséder une conscience nouvelle de notre place dans ce monde.

— Oui nous harcelons des bateaux, nous les coulons dans les ports s'il le faut, nous sabotons des usines, nous bousillons des filets, nous confisquons des palangres ! Sommes-nous hors la loi ? Nous le sommes si la loi consiste à protéger la propriété privée de ceux qui entassent les profits en pillant votre patrie terrestre. Car nous respectons d'abord la vie, et la vie est au-dessus de la loi. Seuls les animaux devraient être autorisés à nous juger. C'est pour eux que nous travaillons. Auraient-ils sans notre aide une chance de gagner la pitié qu'ils méritent ? Je ne le crois pas ! L'empathie humaine trop souvent s'arrête à l'homme. Et encore c'est vite dit.

— Je sais que je suis plutôt isolé, mais tant mieux, cette solitude me laisse libre de mes décisions. Je ne veux plus ni actionnaires, ni conseil d'administration. J'ai vu leurs trouilles et leurs méfaits. Mes valeurs ne sont pas celles de notre société matérialiste et marchande. Je récuse les leçons de morale. On me rappelle à l'ordre du capitalisme et au découpage du monde ! Monsieur Wallace, vous n'aviez pas le droit d'entrer dans notre pays ! Monsieur Wallace, au nom de quoi avez-vous privé ces pêcheurs de leur outil de travail ? Monsieur Wallace, vous êtes prié de respecter les coutumes des peuples ! Les mêmes gens qui tous les jours violent la loi me parlent de la loi ! Je sais que j'agis au nom des mers et je me sens à l'abri des lois de la terre.

— Jamais je ne me sentirai indigne ou coupable de jeter à la mer une massue dont l'unique utilité est de fracasser la tête d'un phoque que les chasseurs dépèceront sans lui avoir laissé le temps de mourir, dit-il à l'assemblée silencieuse. Une arme qui tue n'est pas une propriété privée respectable. Et un million de dollars peut être jeté au feu s'il sert à l'extermination des espèces.

À ces mots, Magnus releva le menton. Sa bouche épaisse avait la moue méprisante que venait de lui donner sa conviction d'avoir raison contre un monde qui courait à sa perte. Il ne réprimait pas l'énergie sauvage de la colère et du courage. À la manière des héros de nos enfances, il aurait pu dire : "Je ne suis pas des vôtres. J'exècre votre société. Je ne respecte pas vos lois. Je suis citoyen de la Terre et la nature seule commande mon respect."

Et c'était là dans ce mépris qui lui donnait sa liberté que certains l'attendaient pour le disqualifier : Magnus Wallace, cet écofasciste, ce malthusien !

— Lorsqu'un combat est plus que moralement juste, parce qu'il est vital pour l'avenir de la planète, je soutiens que oui vraiment la fin justifie les moyens ! C'est la question qui revient toujours, comme si nos méthodes étaient indignes. Elles ne le sont pas ! Nous sommes scrupuleusement inoffensifs et efficaces contre des voleurs sans scrupule. Et je parie que les autorités de demain, celles de nos enfants, jugeront que nous avons été les défenseurs de la vie.

La salle applaudissait. Des voix criaient. Hourra ! Bravo ! Continuez ce que vous faites ! Bravo ! Surtout ne vous arrêtez pas ! Des gens se levaient pour aller au fond de la salle remplir auprès des hôtesses en charge les formulaires de soutien. Je vis un vieux monsieur distingué faire un chèque de cent mille dollars et le tendre en souriant avant de repartir s'asseoir l'air de rien pour écouter la suite de la conférence. C'était un producteur de cinéma, apprendrais-je plus tard, un indéfectible soutien de Magnus. Au premier rang, quelques bras d'enfant agitaient au-dessus de leurs têtes des drapeaux portant le symbole de Gaïa, la planète bleue qui saigne.

Ces Journées pour la mer ne faisaient que commencer. Il y aurait des ateliers sur des thèmes divers : la pêche durable, le thon rouge, l'impasse de la pisciculture, les requins, les dauphins, les mégaptères, l'alimentation humaine et animale, le rôle du plancton, les campagnes de Gaïa, la pollution, la protection de l'habitat naturel, l'avenir des pôles… Il y aurait des projections sur la chasse, le braconnage, les Galápagos, la terre Adélie…

— Je vous remercie de votre soutien et je vous propose maintenant de regarder un de nos films, dit Magnus dans son micro.

Les applaudissements avaient repris. Un frisson de sympathie soulevait le public. Magnus agita sa main en l'air en signe d'au revoir. Le capitaine au long cours était une bête de scène.

13

Le silence se fit dans la salle, les lumières s'étaient éteintes. La silhouette épaisse du capitaine avait disparu derrière un rideau. L'ombre enveloppait le public aux aguets et je sentais cette vibration particulière à l'attente d'une foule touchée. Bouleverser est un art, Magnus ne négligeait pas la mise en scène. En bon marin, il ne laissait rien au hasard. Un vaste écran descendit derrière l'estrade où il s'était tenu, et sur la toile apparut le bleu de l'océan sous un ciel sans nuage. D'abord une surface nue, délicatement plissée, frémissante comme une peau vivante : l'eau jusqu'à l'horizon. La jonction entre le ciel et la mer était une ligne d'estompe qui créait une continuité. C'était l'immensité et la platitude, le vide d'un espace qui n'avait pas de limite apparente. C'étaient les subtils, innombrables, perpétuels balancements de l'eau, ses moirures mouvantes, ses miroitements. Deux éléments se rassemblaient dans l'image : l'océan aérien au-dessus de l'océan maritime, le bleu liquide sous le bleu gazeux, le reflet de l'un écrasé dans l'autre. Le vertige de la liberté se matérialisait. Et je voyais, levés dans la même direction, les visages qu'éclairait la luminosité changeante de l'écran. Les espaces vierges de l'océan et du ciel hypnotisaient les regards. La mer avait l'air de vivre, elle possédait un cœur battant qui agitait ses flots, des courants la parcouraient comme un sang, et selon les lieux et les moments sa personnalité changeait, de douce à diabolique. L'ensemble était filmé d'hélicoptère, mais le spectateur oubliait l'engin et la caméra, il s'approchait de la matière même de l'eau, ses yeux embrassaient ce tapis froissé d'ondes sous lequel se déployait un monde abyssal.

Le monde abyssal renfermait des pulsions de vie qui animaient des structures, des galbes et des colorations inconnus, du pâle madrépore immobile aux mammifères fuselés qui avalaient des milliers de kilomètres. Tant d'inattendu est dans la mer. Des aberrations, des cruautés, des splendeurs, des leurres, des totems. Des monades et des bancs. Des dos de cobalt et des crêtes d'or, des flancs d'acier, des nageoires de neige. Des éventails de lumière, des éclairs d'argent, des panoplies de scintillements, des taches, des rayures et des stries. Des nuées silencieuses et rapides. Des boules translucides, des corolles frangées, des soucoupes volantes. Des ailerons comme des dents, des tentacules comme des harpons, des rostres comme des épées, des carapaces. Des êtres armés, des êtres déguisés, qui se cachent, se séduisent, se guettent, se surprennent et s'entre-dévorent, dans un monde englouti, sous la coque des navires, dans le fracas des déferlantes, au cœur des encorbellements du corail, sous le sable.

Les parachutes rubescents des méduses, ombrelles vivantes dont la transparence gélatineuse enferme quelques points de couleur, flottent dans l'eau, livrés aux courants, soulevés de pulsations régulières comme battant une mesure invisible. Des floraisons océaniques au chatoiement fluorescent tapissent un récif. Une raie souple le survole, escortée de ses poissons nettoyeurs, rapide papillon blanc en appui sur l'eau, hors de toute pesanteur. Une accélération de sa nage suffit et elle mange la mer, un banc de fretin disparaît dans sa bouche ouverte. Le grand animal plat figure un cerf-volant vivant, qui remonte vers la surface, dévoile son ventre immaculé avant de basculer sur le dos, cabriole dans l'eau bleue, laissant traîner comme un suivez-moi-jeune-homme sa petite queue souple, finition parfaite. Les écailles des thons se froissent et brillent dans la volute tourbillonnante de leur banc. Leur rayonnement troue la pénombre marine. L'essaim qui tournoie dans cette illumination jette des feux argentés. Une femelle dauphin nage à l'envers, le ventre frôlant la surface de l'eau, légère, ondoyante sous le mâle à l'approche de leur accouplement. Elle file, vigoureuse et tranquille, et l'air sort de son évent en collier de perles. Rien ne trouble l'oscillation de son rostre dont le bec sourit. Le fond de l'image ne cesse pas d'être bleu. La caméra est venue sous l'eau. L'hippocampe circule entre les algues. Sa fine nageoire dorsale bat comme un cœur affolé. Il s'avance vertical et minuscule dans un entrelacs ondulant d'herbes longues comme des cheveux flottants, dentelles mouvantes qui le protègent. Un requin-baleine, grand comme une île sous la mer, glisse dans l'eau. L'immense corps tacheté du titan des mers est presque camouflé. Des rémoras agiles entrent et sortent librement de ses fentes brachiales. Sa tête est carrée et ses yeux minuscules au bord de sa large bouche qui s'ouvre. Soudain il disparaît dans une purée de plancton. Une flottille de stenelles élégants chevauchent un tissu de vagues successives. Un banc de sardines éclate et se reforme sous les assauts de grands oiseaux blancs. La mer s'électrise, crépite de plongeons, de sauts, de virevoltes, qui soulèvent des gouttes comme dans le jaillissement d'une fontaine. La caméra a fait surface. La mer de l'air caresse la mer de l'eau. Les fous plongent en piqué. Leurs ailes déployées, bordées de noir comme des faire-part de deuil, se rangent le long du corps juste avant d'entrer dans l'eau. Ils émergent plus maladroits, comme étourdis par le bain, déséquilibrés par leurs ailes alourdies, emportant dans leur bec un éclair d'argent.

Pendant des millions d'années la mer fut la femelle féconde de notre planète et la vie s'est déployée dans l'eau et sur la terre, dit la voix off.

La mer était présente dans la salle. Peut-être chacun des spectateurs se faisait-il désormais une idée nouvelle de sa place sur la Terre. Et tandis que ce miracle advenait, la voix off avait commencé de retracer l'histoire des hommes et des baleines, une épopée pleine de courage, d'effroi et de violence, d'ignorances et de conquêtes. Ces créatures immenses avaient connu le monde avant nous. Voulions-nous les en faire disparaître ? *Les cétacés sont apparus à l'ère tertiaire, ils peuplent les océans depuis vingt-cinq millions d'années. Ils sont l'aboutissement grandiose et parfait de la vie animale dans les mers. L'évolution, comme un sculpteur, a façonné ces créatures magnifiques qui allient puissance, grâce et bienveillance.* Le silence de la salle sembla plein de respect. Je songeais que le temps de la Terre n'avait jamais été le nôtre. Si éphémères et infimes, nous ne pensions qu'à notre lutte. Mais ainsi fragiles, frustes et occupés de nous-mêmes, nous avions porté la guerre sur les mers au point, pour la première fois dans la course du monde, de les mettre en danger. À l'écran, j'admirai l'arabesque inouïe d'une grande caudale, dressée hors de l'eau et qui soulevait une gerbe d'écume. Avec souplesse, le triangle de chair plate s'incurva et disparut sous la surface. *Les baleines nous ressemblent, elles sont physiologiquement proches de nous. Elles ont le sang chaud, des poumons, une intelligence, un langage. Leur peau est douce, tiède et sensible. Elles ont des mamelles et allaitent leurs petits. Elles ne sont pas solitaires, des liens les unissent, leur structure sociale peut être complexe. Écoutez ! Elles se parlent, elles chantent, elles écoutent, elles gémissent. Elles souffrent !* La voix off se tut et nous entendions, mêlés à des clapotis ou des grondements de vagues, les cris de nos sœurs marines. *Les baleines font partie des rares espèces, avec les dauphins, les phoques, certains oiseaux, qui se montrent capables de copier et d'inventer des sons.* Les chants se répondaient, du cri le plus aigu, presque grinçant, qui pinçait l'ouïe, au râle le plus profond, sur des fréquences si différentes, reconnaissables comme un individu l'est d'un autre. *Personne ne sait la raison de ces chants. Personne ne sait ce qu'ils disent.* J'entendais le rire du public subjugué, puis son silence enchanté. Les chants semblaient un dialogue immense, la répétition d'un mantra sans mot, une méditation océanique, la prière chantée en canon du monde marin. J'écoutais ces modulations inattendues. Des petits cris aigus de bébé, des piaillements, des brames rauques, des grésillements qui s'entêtent, des grincements de portes, de grands souffles comme ceux des chevaux, des beuglements, des barrissements marins, de petits rots, des gloussements, des couinements de roues mal graissées, des trilles, des bruits de pets, de ballons dégonflés, des arpèges qui traînent dans l'eau, tout un babillement d'animaux non identifiables, des hennissements, des bloblottements de lèvres, des ronflements, des claquements, des chuintements. On s'y tromperait. On dirait : des oiseaux, une volée de moineaux dans un arbre, des souris qui se chamaillent, un hippopotame qui souffle dans une mare. On dirait : l'archet mal dirigé d'un violoncelle. On dirait : deux chevaux en rut.

Ce n'était que la fanfare accompagnant la parade amoureuse des mastodontes. Les mâles donnaient la sérénade pour conquérir les cœurs. Chaque animal chantait à toute force, cherchant l'écho du récif corallien, de sorte que ses concurrents fussent avertis de sa cour et de la compétition. Il postulait et se battrait pour celle qu'il convoitait. C'était le cantique de l'eau peuplée, le cri des baleines grises – celles que le moratoire avait sauvées. Celles qui se montraient joyeuses et confiantes, curieuses des hommes, et dont l'espèce avait manqué s'éteindre. Rien n'égalait la rotondité pleine de ces collines couleur de métal usé, émergeant de l'eau tels des sous-marins. Leur nage était souple, comme un acquiescement ; leur corps légèrement cambré se pliait pour dire oui à l'eau. La troupe des chanteuses remuait l'océan, s'immergeant par dizaines. C'était le rassemblement estival de leur espèce. Les femelles battaient l'eau avec leurs nageoires. Leurs dos ondulaient. Elles s'enroulaient sur elles-mêmes, pivotaient, faisaient la planche. Bientôt les mâles assouviraient l'instinct de possession qui les poussait vers elles. Le stupéfiant corps à corps faisait déjà bouillonner l'océan. L'eau et le désir entraient dans une effervescence conjointe. Brassée en masse, l'eau se faisait entendre en clapotements puissants. De grands transvasements avaient lieu à chaque mouvement des animaux. La lutte et la passion des sexes secouaient le territoire des cétacés. Ce vacarme ruisselait sur le public comme la vérité du monde. Je pensai que trop peu d'hommes l'entendaient. La sensation et le bienfait s'en étaient perdus. Nous vivions éloignés de cette nature, nous en oubliions l'émotion, et c'était ainsi qu'elle pouvait être détruite sans que s'élevât notre protestation. Il fallait restaurer l'alliance et crier au scandale. Il fallait réclamer la frugalité et le respect des équilibres. Magnus Wallace avait raison de montrer ces images qui soutiraient des cris d'amour aux enfants. Je comprenais ce qu'il faisait : exposer au monde ce qui risquait d'être détruit au nom des considérations économiques.

Le film se poursuivait ailleurs, dans d'autres eaux, en une autre saison. Le temps d'une gestation était passé. Le grand corps gris d'une baleine s'enroulait et caressait son petit dans la tranquillité bleutée d'un lagon. L'énorme génitrice avait l'idée exacte de son volume dans l'espace, au centimètre près elle contrôlait son chemin, frôlant celui qu'elle protégeait. Sa puissance se convertissait en douceur. La peau du baleineau était plus pâle que celle de la mère, sans les cicatrices d'anciens combats avec d'autres baleines, neuve dans l'océan, grande surface à caresser. Leurs ventres blancs se frottaient l'un contre l'autre, tachetés et luminescents. Chaque mouvement était fluide. Parfois le petit s'immobilisait sur le dos de sa mère, collé à elle, telle une ventouse sur sa grosse tête souriante. Ils ne possédaient pas les bras pour s'étreindre, ni les mains pour devenir industrieux, ils étaient privés d'enlacement, et cependant la complicité, le soin et le souci de l'autre s'exprimaient. Comment nager ? Comment respirer ? L'enfant apprenait en suivant sa protectrice. Il ne la lâchait pas. Si les orques venaient, ou les hommes, elle sacrifierait sa vie pour lui. Elle lui avait donné le monde et elle allait le lui montrer.

Elle lui enseignait mille choses que nous ignorions. Bientôt elle l'entraînerait dans la grande migration vers les eaux nourricières glacées, à des milliers de kilomètres, qu'ils parcourraient ensemble, l'immense mère aux aguets des dangers, comme si l'avantage de la taille lui avait enseigné la noblesse, la mansuétude et le sacrifice. Elle était une forme accomplie, une solitude hautaine, une plénitude, qui trouvait sa route et son mouvement tranquille dans l'espace sans jalon des mers. Le corps se creusait, le museau se redressait, la queue propulsait la masse. La baleine faisait des acrobaties lentes. Elle ne caracolait pas. Elle demeurait sous-marine, s'approchant parfois si près du sable que son ombre apparaissait sur le fond. Elle dessinait le trait de son déplacement dans la résistance de l'eau. Le petit effleurait sa mère colossale. *Le baleineau pèse cent kilos, il boit deux cents litres de lait par jour*, disait à ce moment la voix off. À côté de moi, une femme eut un rire. La danse de la femelle avait repris, enveloppante, consacrée à l'enfant, expression de calme et de pure présence. Le lien de la peau à la peau, l'aimantation de deux êtres superposés dans le silence, s'exprimait dans l'eau. La mère, rien ne l'appelait ailleurs, et la douceur prévalait. Le couple avançait dans la transparence. Ce n'était pas la cavalcade des dauphins, c'était un glissement fondu, une valse alentie. Mais je connaissais l'illusion optique de cette harmonie : ces deux-là nageaient vite et pouvaient s'enfuir.

Longtemps nous avons diabolisé ces créatures splendides et discrètes. Terrifiés par leur énormité, nous avons écrit des histoires de monstres mangeurs d'hommes. Nous avons fait de la baleine une proie glorieuse et les plus courageux ont parcouru les mers pour chasser. La baleine a entraîné l'homme vers des côtes éloignées et ceux qui convoitaient son huile, rendus fous par les dangers de cette chasse, n'ont plus regardé sa beauté.

Transition. Un gâteau de verdure, cerclé d'un anneau de sable clair, occupa l'écran. Puis le scintillement métallique des eaux. Brusquement la mer s'ouvrit, crevée par un bond formidable. Une énorme langue noire s'éleva dans l'air à travers un jaillissement d'écume. Deux nageoires blanches dessinaient leur forme ailée sur la lumière. Une montagne perçait la vague, une créature de fable émergeait, passant d'un monde à un autre. Sa corpulence stupéfiait. L'impressionnante masse avait une couleur d'encre terne. Le museau était constellé de concrétions blanches, la tête couverte de callosités, la découpe des pectorales tachetée, éclaboussée de gouttes. Curieuse, joueuse ? Tout à coup la bête se laissa pendre dans l'eau la tête en bas. La nageoire caudale se dressait, telle une voile de chair à l'envergure splendide, semblable à la moitié d'un papillon géant : une grande aile bilobée blanche et noire. La salle silencieuse était en apnée. L'immémoriale fascination s'écrivait sur les visages. Et l'ancienne peur avait disparu. La majesté de la bête en voltige s'imposait. Le mastodonte, aussi grand qu'une maison, capable d'avaler et de loger un homme, ranimait sa grandeur biblique. Dans la transparence de l'air, le géant s'élevait en vrillant, dressé pour quelques secondes avant de retomber dans un fracas de bulles. L'animal célébrait ses noces éphémères et écumeuses avec le ciel. Que voyait son œil grand comme une assiette, brillant comme s'il pleurait ? Le corps sombre disparut dans la masse dense de l'eau qu'il agitait. Les enfants que leurs parents avaient amenés écouter le capitaine guettaient un nouveau saut. Suspens. Un sourire apparut sur le visage d'un jeune volontaire de Gaïa. Il connaissait le film par cœur. Il savait que la baleine sauterait encore une fois.

Et le grand animal ailé en effet jaillit, pivota sur lui-même, jouant vraiment à voler dans le monde supérieur avant de se laisser chuter dans l'écume. La forme colossale du plus grand être vivant et le battement de ses nageoires éparpillaient dans l'air des milliers de gouttelettes.

— Encore ! demandait une fillette au cétacé géant.

14

Mais le film avait rangé la beauté pour en venir à la cruauté. Une furie de capturer, de tuer, d'engranger, habitait les hommes. On devait la révéler. On pouvait rendre les gens malades devant la mise à mort de cette grosse bête inoffensive. Il suffisait de montrer comment elle crie, saigne, s'asphyxie, met si longtemps à mourir.

Un bateau était apparu dans l'espace bleu. L'aspect de la mer était un vaste calme et le navire avançait droit, comme posé sur un plateau laqué. Sa coque métallique et rousse, rouillée par endroits, dominait de toute sa hauteur la surface de l'eau. Cette masse compacte et volumineuse s'allégeait dans le réseau de mâts et de filins qui se découpait sur le ciel, mais la silhouette menaçante déparait le décor de la mer. Sa ligne de flottaison indiquait qu'il n'avait pas de cargaison. C'était un navire-usine dont la campagne de pêche commençait. L'étrave coupante fendait l'eau avec violence. Rien ne l'arrêterait. Pas de pitié! Pavillon japonais. Nom : *Hogei Maru*. Personne ne sait pourquoi ce mot *Maru* est inscrit sur tous les bateaux du Japon. Et maintenant nous y voilà, pensai-je, fin de l'enchantement. Le crime! Sur le pont, à la proue, un petit homme en ciré et chapeau imperméable, équipé de bottes en caoutchouc, visage caché par le rebord du suroît, manipulait un canon-harpon placé sur un pied métallique à la manière d'un télescope, juste au-dessus du pavois. Mais il ne s'agissait pas d'un télescope et le petit homme ne voulait pas observer le ciel : il pointait le canon devant lui vers le bas. Il visait un point invisible dans le scintillement argenté de la mer.

— Attention ! cria un petit garçon comme s'il était au guignol.

Par le truchement d'un objet qui avait changé le jeu, le chasseur tuait à presque tous les coups. La voix off expliquait maintenant le passage d'une chasse artisanale où le harponneur risque la mort, à la chasse industrielle sans danger pour l'homme. *En 1864, un baleinier norvégien met au point un nouveau harpon monté à l'avant du bateau et lancé par un canon d'une portée de cinquante mètres. Cette invention accélère le massacre.*

Autrefois. La bataille commençait par un cri, une alerte. Baleine en vue ! Elle souffle ! Par là-bas ! C'était ainsi que le guetteur installé sur la hune du grand mât prévenait le capitaine du baleinier. On mettait les chaloupes à la mer. L'ordre était hurlé : Chaloupes à la mer ! On ramait vers l'immense animal, d'égal à égal sur l'eau vivante. Debout, le harpon au bout du bras, on guettait le dos rond de la bête venue respirer. On était à un ou deux mètres de sa masse colossale. On n'ignorait pas, lorsque l'on avait affaire au cachalot, qu'il pouvait jaillir pile sous la coque, et qu'on valdinguerait alors dans les airs, comme un fétu, au milieu des débris de l'embarcation broyée.

Un simple coup de tête pouvait aussi la renverser. Mais on attendait. On ramait encore. On serrait dans sa main la hampe du harpon, avant de piquer le dard dans l'immense rocher de chair. On harponnait de la puissance du seul bras. La peau lisse se crevait, le sang giclait. Aussitôt la vitesse s'emparait de l'histoire. On décollait ! La douleur avait réveillé un monstre ! La chaloupe s'élevait en l'air avant de retomber sur la surface crételée de la mer. Quand l'animal sondait on lui servait de la corde en abondance. On bondissait dans l'embarcation soulevée par la colère de la baleine blessée. On ne lâchait pas, on restait accroché à sa proie. Quelquefois un outil se brisait, le monstre était libéré, emportait l'acier du harpon, cicatrisait sa chair autour de l'arme. On le perdait. Sans cette chance, la bête s'épuisait, ses soubresauts se faisaient de plus en plus faibles, peu à peu on venait à bout de sa force, et finalement elle roulait sur le dos offrant son ventre blanc en spectacle aux hommes et au ciel. L'horreur de cette agonie spectaculaire était effacée par le danger qu'on avait couru. Car parfois on mourait, emporté dans le tourbillon, un cordage fatal autour du pied, de la jambe, ou bien assommé, pour ne pas dire écrabouillé, toujours noyé. Une chasse mortelle opposait des cachalots de soixante-dix tonnes et des baleiniers de soixante-dix kilos, et toujours une vie s'achevait dans la bataille. Les légendes étaient nées dans ces temps-là et n'avaient plus cours.

On se tient maintenant à trente mètres au-dessus de l'eau, sur une montagne d'acier flottant, au sec dans son ciré, pointant le canon à harpon vers la proie inoffensive et condamnée. On vise, on tire.

Loin devant la proue, une course libre est interrompue. Une corde de chanvre l'empêtre, une ligne longue qui se dévide, résiste à la traction et ne cassera pas. La bête est prise. On regarde de haut ses spasmes géants, le mouvement désordonné des nageoires pectorales qui en vain recherchent l'équilibre. On tient, on retient, on lâche, on tire, on fatigue la vie, enfin on tracte. D'énormes giclées de sang rougissent l'eau autour du navire. La grande queue qui se dresse et frappe l'eau dans un ultime baroud ne fait peur à personne. L'immolation s'achève sans avoir réclamé au chasseur ni force ni courage. On ne risque plus rien, on ne doute plus de réussir, on remplit les cales, on vide les océans.

Et de fait, le petit homme en ciré surplombait l'étendue libre et vide. Il attendait d'apercevoir le géant. La bête avait sondé. Le temps passait. Où était-elle descendue ? Il s'en moquait. Le mammifère remonte toujours puisqu'il respire. Voilà ! Au loin, sous la surface froissée de ridules, un gros dos luisant était réapparu, affleurant comme un îlot. L'animal nageait maintenant à fleur d'eau. On distinguait sa forme de vaisseau, oblongue et symétrique, perçant la surface comme un sous-marin qui remonte. C'était un petit rorqual dont la dorsale saillait à peine. Ses flancs bleu-gris avaient la couleur de l'eau. Ce camouflage ne suffirait pas. Pas plus que sa perception du navire ne le protégeait du harpon. Être aux aguets ne lui servait plus à rien. Quelque chose dans l'homme était devenu plus fort que la nature sophistiquée. Toutes les créatures étaient désormais vulnérables devant l'invincible déviation de l'humanité. Le petit homme en ciré ajusta le tir. La pointe acérée de la flèche était prête à jaillir au bout du canon qui visait l'îlot vivant. La voix off conclut : *Plus tard, les navires-usines et les têtes explosives viendront compléter le canon-harpon*. Un coup de feu traversa les souffles mêlés de l'air et de l'eau. Une corde blanche, semblable à un long flagelle, filait derrière la flèche qui volait au-dessus de l'eau. Simplicité de la modernité! Aucun homme debout ne s'était arcbouté. Aucun bras ne s'était armé. Aucune course-poursuite ne serait nécessaire. Aucun danger ne serait encouru. L'embarcation n'était ni fragile ni légère. L'animal ne la traînerait pas dans sa fuite et sa mort! Il pouvait autant qu'il le voulait se ruer sur les plaques d'acier boulonnées et soudées! Rien n'y ferait. Tuer de loin, sans risque, tuer en masse, sans péril, c'était un progrès barbare. La flèche se planta. Une giclée rouge accompagna la pénétration. Le sang jaillit avec une rapidité inouïe. Autour de la proie l'océan rougit. *Le harpon pèse soixante-dix kilos pour un mètre cinquante de longueur. Quatre branches mobiles s'écartent après l'impact pour le fixer dans la prise. Les grenades explosives sont devenues obligatoires pour écourter l'agonie*. La cible était touchée, la chair déchirée par le métal, et par ces taillades la vie s'en allait. Une tempête localisée se leva : l'animal se débattait sous le choc. Soudain il se reprit, tressaillit, ralentit, s'enfonça dans l'eau. Voix off : *Ce sont d'énormes mammifères qui mettent très longtemps à mourir*. La proie sondait. Elle fuyait en profondeur. Mais elle restait liée au navire, qui la suivait en donnant du mou. La corde blanche filait, attachée au harpon. Puis l'eau à nouveau devint vivante, les flancs bleus furent visibles, la queue frappa un coup. La corde se tendit et maintint en surface l'animal fou dans son linceul d'eau ensanglantée. Bientôt le remorquage et l'agonie débuteront. Bientôt le flanc blessé de l'animal tournoiera contre celui du navire. L'énorme masse inerte laissera son sang sur la rampe de halage et la mort livrera ces tonnes de chair à l'usine.

Pourquoi le Japon peut-il ainsi défier les lois internationales ? demandait la voix off.

Magnus reprit le micro. Les lumières s'étaient rallumées. Le halo d'un spot entourait la silhouette massive du capitaine.

— Dans deux mois, nous reprendrons la mer direction les sanctuaires du Sud. Nous ferons respecter les lois de conservation que des gouvernements ont votées sans se soucier de leur application. Tant que n'existera pas une police des mers, nous serons cette police. Nous sommes moins agressifs, moins équipés, moins soutenus, mais plus inspirés que les chasseurs. Nous pourrirons leur campagne. Nous les empêcherons de travailler. Ils perdront de l'argent. C'est la seule chose qu'ils comprennent. D'année en année, nous les conduisons à la faillite. La rentabilité est le fil pervers qui tient le système, nous le couperons.

15

Nous pourchassions sans faiblesse, on nous pourchassa sans scrupule. Une grande dame de la politique américaine se vit priée de retirer à Gaïa ce fameux statut caritatif qui rendait les dons déductibles des impôts des donateurs. Le mandat d'arrêt qui avait suivi l'inculpation de Magnus à Punta Arenas courait encore, sous la pression économique des partenaires asiatiques incontournables. La coopération verte ne s'installait pas. Vous êtes la honte des mouvements écologistes ! Voilà ce que nous entendions. Les navires de Noé croisaient dans les eaux sans intervenir. Ils recueillaient des financements sans financer de campagnes actives. Était-ce un genre nouveau de détournement de fonds ?

— Ils se contentent de photographier ! Comme si l'on ne savait pas que l'on chasse les baleines ! Nous sommes seuls sur les mers avec nos moyens insuffisants. Certains nous confondent avec Noé. C'est un comble, notre action nourrit leurs collectes, on leur attribue nos victoires et ils n'agissent pas ! regrettait Magnus.

Trois saisons lui furent contraires. Nos campagnes antarctiques échouaient : les braconniers demeuraient introuvables ou bien ils nous distançaient.

— Il y a plus d'incertitude à traquer qu'à éperonner. Les océans sont vastes, les chances sont faibles de tomber sur ceux qu'on y cherche. Toute information est susceptible de nous faire gagner, explique Magnus à une jeune reporter.

Où a-t-on vu récemment la flotte baleinière ? À quelle vitesse se déplace-elle ? Dans quelle direction ? Magnus posait les questions. Il obtenait peu de réponses. Noé refusait de partager ses informations avec des *brigands*. Chaque jour mouraient de grands animaux dont les populations ne se reconstituaient plus. On estimait à près de mille le nombre de baleines massacrées chaque année dans le sanctuaire austral. Magnus tressait ensemble la colère et l'impuissance afin de rebondir après l'échec. Je ne pense plus ni à la chance ni au résultat, disait-il, je me concentre sur l'action.

— J'agis quelles que soient les chances de réussite. L'imagination, le courage et la passion, depuis la nuit des temps, ont fait progresser les idées, pourquoi cela s'arrêterait-il ?

Le capitaine donne une conférence de presse à Seattle. Des menaces ont été proférées quelques jours avant l'événement. Nous demandons aux organisateurs l'assistance d'un personnel de sécurité.

— Capitaine Wallace, vous avez beaucoup d'ennemis, est-ce une chose qui vous inquiète ? a demandé le premier journaliste.

— Si vous n'avez pas d'ennemis, c'est que vous n'avez jamais rien fait ni rien dit qui vaille ! répond Magnus sûr de son fait. Je déplais ! Et vous déplairiez si vous faisiez comme moi. Je déplais à tous ceux dont je gêne les intérêts. Quelle importance ?

Mon objectif n'est pas de plaire aux salopards qui dévastent notre planète. Les opinions et les fureurs que suscitent mes choix, les vivats ou les huées, je m'en moque. Mon objectif me protège de ces commentaires. Ce qu'il faut dire dans votre journal, ce n'est pas que le capitaine Wallace a des ennemis, mais que ses ennemis sont violents. On m'a récemment tiré dessus à la carabine. Et quand je suis rentré à terre, la police locale a refusé d'expertiser la balle ! Alors j'aimerais que l'on utilise les bons mots : mon action est *directe* et l'opposition qu'elle suscite est *violente*. Pas le contraire !

— À quoi attribuez-vous cette violence à votre égard ?

— Notre action est révolutionnaire ! Nous critiquons les valeurs en place. Nous menaçons la société de consommation. Voilà ce qui est impardonnable. Nous attaquons la configuration mentale que la civilisation a forgée : la faveur que nous accordons au présent, la technologie devenue une raison de vivre, notre goût pour la propriété et l'accumulation, notre culture qui exclut le monde naturel des grandes richesses pour lesquelles nous devrions nous battre. Les coffres-forts de nos banques sont mieux protégés que l'océan Austral qui est pourtant notre poumon principal.

— Vous vous dites biocentrique. Pouvez-vous expliquer ?

— Oui, je crois que l'homme n'est pas au centre du grand dispositif naturel que nous pourrions admirer si nous étions moins prétentieux. C'est la vie au sens le plus large qui occupe cette place cruciale. Dix mille espèces recensées partagent la Terre avec nous. Certaines sont plus utiles que nous, et cependant nous négligeons leurs intérêts au profit du nôtre. Avez-vous lu toute l'œuvre de Darwin ? Un conseil : Faites-le. Les plantes, les insectes, les poissons, les vers, les bactéries, qui pense à préserver le rôle qu'ils jouent ? Personne. Et nous les dédaignons alors que nous existons grâce à eux. Je refuse de me placer du côté de l'humanité dans cette guerre contre la nature. La Terre n'est plus la planète géante de nos ancêtres. L'homme n'est plus le maître d'un dispositif naturel inextinguible. Nous savons que la nature est vulnérable. Les végétaux ou les animaux ne sont pas des objets subordonnés à nos décrets. Notre exploitation de la planète n'a pas fait ses preuves, j'agis en conséquence. D'un point de vue écologique, nous en sommes encore à ces époques où l'humanité croyait que la Terre était le centre de l'univers. Ce comportement nous mène à la catastrophe. Je suggère donc de le changer. Le biocentrisme est cette révolution : il est l'extension à tous les habitants de la planète de la Déclaration universelle des droits de l'homme et du citoyen. Il faudra du temps mais je sais que ces idées, qui sont l'héritage des Lumières, paraîtront naturelles à nos arrière-petits-enfants. Malheureusement il faut nous hâter…

— On vous reproche de ne pas aimer le genre humain, que répondez-vous à cela ?

— Franchement, qui pourrait l'aimer ? (Rire.) Voilà ce que je réponds. Les hommes se comportent comme des égoïstes et des vandales. Je n'invente rien, c'est un fait indiscutable. Ils se montrent cruels les uns envers les autres et ils le sont à l'égard des animaux. L'espèce humaine allie intelligence et agressivité à un degré si élevé qu'elle est en train de détruire la planète. Non je n'aime pas cette arrogance. Et je refuse de participer à sa civilisation stupide qui est un suicide écologique.

— Voulez-vous que les hommes vous remercient pour ce que vous faites ?

— Je m'en fous comme de ma première chemise ! Mais je ne doute pas, et je vous en fais ici le serment : le futur nous promet plus de compliments que de railleries. Les générations à venir m'aimeront et ça je ne m'en fous pas.

Je vis l'expression combative du visage de Magnus se dissoudre dans un sourire.

— Je vous remercie, capitaine Wallace, murmura le journaliste.

Je le voyais un peu secoué comme par le vent, estomaqué par l'énergie qu'il avait trouvée en face de lui, décontenancé par la liberté de son interlocuteur et tâchant de se montrer à son tour professionnel.

— Et moi, dit Magnus, je vous remercie de relayer ce combat. J'insiste pour que vous le fassiez. Oui ! Faites votre job comme je fais le mien ! Il existe une réalité naturelle et on ne peut plus continuer de la nier. Dites-le. Il faut de toute urgence faire prendre conscience aux gens que s'ils perdent les animaux ils mourront avec eux. Plus nous serons nombreux à ouvrir les yeux qui sont clos et les oreilles qui sont sourdes, meilleur sera l'avenir. Car voyez-vous, si tout le monde se persuade que demain sera comme aujourd'hui, tout le monde se leurre. La déroute est là, juste devant nous, comme un précipice vers lequel nous marchons résolument.

C'est peu de dire que Magnus se fait des ennemis. Le nombre des menaces augmente avec le nombre des sympathisants. Des petits cercueils, des étrons dans des boîtes (“Tu es une petite merde, Magnus Wallace”), des baleines piquées d’aiguilles comme ces figurines servant à la magie noire (“Prends garde à toi, justicier des mers”), une balle de plomb (“La prochaine ne te ratera pas”)…, le capitaine reçoit toutes sortes de courriers affectueux. Il flanque tout à la poubelle. Pff! fait-il si d’aventure l’un d’entre nous lui suggère de mettre de côté ces éventuelles pièces à conviction.

— Très franchement, Gérald, je m’en fous, me dit-il, nous n’agissons pas pour ces crétins, et nous ne faisons de mal à personne. Ce n’est pas leur vie qu’ils défendent, c’est leur fric. Ils ne m’apprennent rien, je sais que nous dérangeons leurs affaires. Et c’est justement ce que je cherche.

— Cesse au moins de critiquer les chasseurs, demande David. Un de ces types va te coller une balle dans la peau pour te faire taire. Chaque fois que tu parles en public j’imagine la scène.

— Toi aussi tu penses qu’ils sont dingues! constate Magnus triomphant.

La petite balle de plomb était arrivée après que Magnus lors d’une conférence télévisée eut qualifié de “déviance sexuelle” le goût de tuer des animaux à la chasse.

— Le fatalisme, le pessimisme, le défaitisme, pas de -ismes sombres pour les activistes! répond à cela Magnus.

Les années passent à toute vitesse. C’est un fait que connaissent les marins au long cours, la mer efface le temps. Et c’était bien ce qui se produisait, la mer engloutissait les jours, les semaines et les mois. Aucun de nous ne les comptait, tout le monde les oubliait. Les années s'envolaient comme les fines bulles d'air échappées du remous que faisait le navire en parcourant la grandeur du monde.

Puis nous avons eu deux navires. Nous avons réellement fait chuter la rentabilité des campagnes. Nous nous placions obstinément entre les chasseurs et les animaux. La pêche baleinière perdait de l'argent. Les représailles viendraient, je le redoutais. Je me mis à trembler pour la vie de Magnus, à craindre un de ces complots ordinaires que les intérêts menacés ourdissent avec un naturel et un talent funestes. Il me semblait que la chasse à l'homme s'était durcie. Que fait-on des gêneurs dans notre monde ? On les efface. D'abord gentiment : en essayant de les tuer médiatiquement. Mais lorsqu'ils sont trop habiles et savent survivre à ces manigances, c'est physiquement qu'on les supprime. Quoi de plus facile qu'un tir de carabine depuis le gaillard d'un navire ?

16

Magnus avait racheté au Service de protection des pêches écossaises un ancien patrouilleur. Nouveau fleuron de Gaïa, l'*Embellie* quitta le port d'Aberdeen le 14 novembre, direction l'Amérique du Sud. Il ferait une longue escale au Chili avant de rallier les eaux australes à la recherche des braconniers. C'était un bâtiment rapide et maniable, à la ligne bien coupée, qui avait sur l'eau une élégance, quelque chose de léger, sans doute dû au désencombrement de son pont unique qu'occupait seulement le poste de pilotage. Il parcourrait la moitié de la planète pour sa première mission. La septième campagne antarctique était lancée. Son objectif était simple : trouver les baleiniers et gâcher leur saison de pêche.

De la coque aux mâts et balustres, le navire avait été repeint en gris. Dessinée par un bénévole, une mâchoire stylisée ornait ses joues, figurant de part et d'autre de l'étrave le prédateur des prédateurs. On nous a reproché ces signaux prétendument agressifs ! C'était un peu de décontraction dans une bataille serrée. Tout le reste était si sérieusement mené ! Comme un horloger désosse une montre, Harry avait démonté la machine. Deux moteurs pouvaient être engagés et mis sur le même arbre de transmission, de sorte qu'à pleine puissance une vitesse de quinze ou seize nœuds assurait de rattraper les cibles. Le jour de l'appareillage, une pluie d'automne flagellait et faisait luire la peinture neuve : l'*Embellie* était paré. L'équipage était composé de vingt-quatre volontaires dont une infime part était apte à naviguer et l'autre ne savait pas distinguer un guindeau d'un cabestan. Chaque époque voit naître une nouvelle sorte de rebelles, après la question sociale voilà que la question naturelle révoltait les jeunes. Trois officiers, un opérateur radio, un conducteur de Zodiac, un chef des machines, contrôleraient leur formation. Les bénévoles venaient cette fois exclusivement de Nouvelle-Zélande et d'Australie. Ils étaient directement concernés par les massacres, à la lisière des eaux territoriales, d'une faune qui appartenait à leurs pays. Leurs deux drapeaux flottaient à la manière des armoiries des chevaliers en tournoi. Seul le capitaine était norvégien, un compatriote qui venait de passer la trentaine mais n'en était pas à son premier commandement. Il portait les chemises bariolées les plus invraisemblables et fut surnommé Multicolore. S'il n'avait pas l'habit du capitaine de marine, il en avait acquis la compétence. Il avait longtemps navigué sur la mer Baltique, peu profonde et salée, qui sait être dure comme un roc et dont les grains peuvent être fatals. Il connaissait la mer du Nord, et la Manche avec ses brumes et ses courants. Tout ce qu'il avait vu était consigné dans des calepins rouges, dont l'exemplaire en usage ne quittait pas sa poche. Depuis qu'il avait rejoint Gaïa, il y notait les noms des animaux qu'il rencontrait et la date où leurs routes s'étaient croisées. Multicolore rêvait d'apercevoir le géant du monde animal, le rorqual bleu. En dix ans de navigation je n'en ai jamais vu dans les eaux australes, lui avait dit Philippe, il reste moins de 1 % de la population antarctique originelle. Multicolore oubliait les chiffres et ouvrait ses yeux. Il savait naviguer dans la glace, c'était la raison pour laquelle Magnus lui avait donné l'*Embellie*. Le 2 janvier les amarres étaient larguées les unes après les autres et Multicolore engageait son navire dans le détroit de Magellan. Un troupeau de dauphins sabliers saluaient son départ.

Dans le sanctuaire, l'*Embellie* naviguerait de conserve avec l'*Arrowhead*, parti de Mauritanie, *via* Melbourne. Magnus commandait le vieux rafiot. Un rendez-vous était marqué en mer de Ross, l'une des six zones de nutrition antarctique des cétacés, là où la probabilité de rencontrer la flotte baleinière était la plus élevée. Les deux bateaux feraient tenaille, bien que l'*Arrowhead* fût moins rapide que les baleiniers et l'*Embellie* peu sûr devant la glace. Les années et la notoriété avaient enrichi la flotte de Gaïa d'un hélicoptère. Fraîchement installées à l'arrière des navires, des plateformes permettaient à l'aéronef de voler de l'un à l'autre, étendant ainsi l'amplitude de ses repérages. L'espace était une profusion d'harmonie, illimité autour des hommes. Nous étions minuscules dans cette vastitude animée par les tempêtes, balançant sur la source blanche et reculée des courants et des vents, la grande forge du monde. Nous nous unissions, fortifiés, à cet orchestre universel. L'Antarctique avait été l'océan des tueries, il serait la mer de nos prouesses. En chasse ! Au cœur de cette immensité chaque navire était équipé d'un radar dont la portée était de vingt-cinq kilomètres. Dans les faits, nous cherchions une épingle dans une botte d'icebergs.

La saison des massacres commence en janvier. Grandes nomades des eaux du globe, les baleines migrent entre leurs zones d'alimentation dans les eaux polaires et leurs aires de reproduction dans les eaux tropicales. Leur vie est rythmée par ces migrations saisonnières. Elles parcourent des milliers de kilomètres sans jamais se perdre et sans changer d'hémisphère. Les baleines du Sud et les baleines du Nord ne se mélangent pas, plaisantait Harry. Dès l'enfance elles ont appris ces routes de la mer qu'elles enseignent ensuite à leurs petits. Personne ne sait comment elles s'y prennent. Elles n'ont pas de sonar comme en possèdent les orques ou les dauphins. Leur orientation est un mystère.

— On pense que leur cerveau contient des cristaux de magnétite et fonctionne comme une boussole interne. Elles se dirigeraient ainsi grâce au champ magnétique terrestre, raconte Lola à ceux de nos volontaires encore ignorants de ces phénomènes.

De janvier à mars, pendant l'été du Sud de la Terre, depuis la nuit des temps, les grands animaux se gavent de krill dans les eaux substantielles de l'Antarctique. C'est là que les attendent les navires de pêche. Il existe une faille dans le moratoire qui sauva les baleines de l'extinction : la pêche pour motif scientifique demeure permise. Sous ce prétexte, des flottes de baleiniers sont présentes au cœur du sanctuaire et prélèvent la quantité légale. Une négociation annuelle au sein de la Commission baleinière internationale commande l'établissement de ce quota. Des rapports de force implicites, des numéros de charme, des inquiétudes commerciales, des intérêts et des promesses, font céder certains pays devant la puissance de celui qui veut poursuivre la chasse. La pieuvre de l'économie étouffe le jeu. Les animaux ne l'emportent pas.

— La recherche est un prétexte fallacieux ! Une foutaise ! proclame Magnus partout où il passe. Les cadavres ne nous apprennent rien que nous ne connaissions déjà. Ce qu'elles mangent, combien de temps elles vivent, comment elles s'accouplent... on le sait ! D'ailleurs ceux qui les consomment se foutent complètement d'en savoir plus sur ces animaux ! En réalité la viande alimentera les restaurants. Est-ce de la science ou de la boucherie ?!

Personne ne lui répond.

Mais la presse apprécie ses questions et diffuse ses interventions. "On estime que vingt mille baleines ont été tuées dans ce sanctuaire depuis vingt ans. Les populations peinent à se reconstituer quoi qu'en disent ceux qui aiment les batailles de chiffres. Nous essayons de faire quelque chose. Nous ne sommes ni des explorateurs, ni des scientifiques. Il n'y a plus à chercher les terres inconnues. Il reste à révéler ce que l'homme impose à la Terre et à l'arrêter quel que soit le prix de l'affrontement. Aucune pression ne nous fera reculer. Je vous remercie de diffuser cette information", dicte Magnus à un journaliste au téléphone.

Le capitaine possède les photographies de tous les bateaux baleiniers. Il est capable de les identifier à la jumelle. Il sait combien de millions de dollars coûte et rapporte leur campagne de pêche, combien ils perdent pour chaque journée gâchée. Il connaît les montants exorbitants qu'atteignent leurs assurances chaque fois qu'un navire de pêche est coulé quelque part dans un port.

— Ils paient grâce à nous des primes de guerre. Je m'attaque à leurs bénéfices, c'est le seul langage que ces types comprennent. Il faut les faire payer.

Magnus voit juste et sans naïveté. Puisque les accords ne tiennent pas devant l'intérêt, il anéantira les intérêts, tarira la source des profits.

La flotte baleinière japonaise se compose cette année de six navires. Deux d'entre eux sont chargés de la localisation des bancs. Les trois autres sont des bateaux de chasse organisés autour d'un énorme navire-usine, qui fait plus de deux fois notre taille en longueur et compte cent cinquante membres d'équipage. Quatre portiques de charge, plantés à espace régulier au-dessus du pont supérieur, couronnent sa silhouette. Une large rampe de halage troue sa poupe. Les animaux tués sont entièrement dépecés à bord. Sur le pont d'équarrissage, le grand corps à peine tiré de l'eau est ouvert d'un seul trait de lance de la bouche à la queue. Il arrive que l'animal ne soit pas encore mort. La curée peut commencer. Les hommes en tenue imperméable tournent comme des vautours autour de la gigantesque carcasse, pour la dépiauter. L'énorme cadavre qu'ils viennent de faire va les occuper un moment et ils paraissent minuscules et fébriles. Un dépeçage méthodique commence. D'abord la somptueuse nageoire caudale est coupée puis emportée en l'état, pieusement tenue par deux mains empressées : au sens propre un lingot de chair. L'animal est étripé. Puis la montagne morte est pelée peu à peu, passe dans les machines qui la débitent en petits carrés. Voilà la sordide bacchanale industrielle. La viande est aussitôt conditionnée et congelée. L'opération se répète. La flotte capture quinze baleines par jour.

— Il y a cent cinquante ans, à la grande époque de la pêche baleinière, quand c'était un sport mortel de se trouver debout prêt à frapper le *grand poisson*, un navire pouvait naviguer plusieurs jours sans croiser d'animaux, dit Philippe aux volontaires. L'expérience de son capitaine créait ses occasions.

Cette incertitude n'est plus de mise. Les animaux sont même repérés par satellite, ils n'ont aucune chance d'en réchapper. La mort devient leur seul asile. C'est la raison pour laquelle il est urgent une fois atteinte la zone de recherche que nous trouvions sans tarder les chasseurs.

J'ai repris ma cabine à bord de l'*Arrowhead*. Le docteur F me fait le récit de l'extraordinaire expédition de Shackleton vers le pôle. En 1907, à bord d'un ancien phoquier norvégien, l'explorateur anglais atteignit le sud magnétique et fit marche arrière à seulement cent quatre-vingts kilomètres du pôle géographique.

— Cet exploit lui vaudra d'être anobli par le roi, me raconte le docteur. Shackleton était un homme comme il n'en existe plus, dans un monde qui a disparu, me dit-il, réveillant en moi la nostalgie des choses que nous avons perdues sans même nous en apercevoir. L'Antarctique était son obsession, dit encore le docteur, d'ailleurs il est enterré à Grytviken. Il est mort d'une crise cardiaque à bord de son bateau.

Pareil destin me fait aussitôt penser à Magnus : ce type de meneur d'hommes, affermi par une idée fixe, inlassable chef d'expédition, capable d'affronter les conditions les plus adverses, ne baissant jamais pavillon, et que je voyais bien, en effet, mourir du cœur à son poste de commandement. Mais Magnus était sans rival alors que Shackleton avait été dépassé par le grand Amundsen.

Une arche de glace, tel l'encadrement d'une porte ouverte sur un monde séparé, magnifie notre entrée dans cet anneau de mer au centre duquel s'étend le cœur polaire du Sud de la Terre. Le dernier continent vierge, dit-on, mais c'est déjà mentir : le nombre de touristes chaque année s'accroît. Philippe le déplore.

— Des milliers de gens, le plus souvent fortunés, veulent contempler ce qui sera détruit si trop de visiteurs font le voyage ! Contempler ce qui va disparaître ne devrait pas être un plaisir pourtant, me dit-il.

— Sauf si l'on n'y croit pas, fait remarquer Magnus. Le déni est une spécialité humaine.

La mer infiltre son parfum dans l'air le plus pur de la planète. Le vent glacé court sur l'eau qui frissonne. Les filins d'acier battent contre leurs mâts. À chaque degré de latitude gagné, le froid s'accroît. Quelques rides blanches froncent la surface de l'océan où flottent de loin en loin les formes variées et blanches de morceaux de banquise. Ils me figurent les débris d'un monde, le champ d'un massacre, une désolation d'apocalypse. Ce désert de glace m'unit à l'espace. Se pourrait-il qu'il fût un jour disparu, oublié, chimérique ? Ou seulement un souvenir. L'idée de sa profanation m'assombrit. Nous le pénétrons avec un bonheur qui s'accole à la gratitude. Les couleurs se fondent dans une harmonie de gris et de blanc en proie au froid et aux murmures de l'air brassé. En vigie, je scrute l'immensité. L'eau est à la fois opaline et scintillante, tel serait un ciel pas encore sombre et déjà piqueté par des pelotons d'étoiles. Au loin les silhouettes de deux grands icebergs se dessinent sur le ciel et me rappellent au silence de ce lieu qui n'appartient pas encore aux hommes. Nous avons passé le soixantième parallèle.

17

L'océan Austral est le seul qui entoure une terre continentale, au lieu, comme toutes les autres masses d'eau, d'être limité par elle. Les vents qui le parcourent sont les plus vifs et puissants du globe. La pellicule d'air très froid à la surface de la glace, à deux ou trois mille mètres d'altitude, fabrique ces tourbillons de blancheur glaciale qui fondent sur nous : des vents catabatiques qui s'écoulent depuis le plateau polaire jusqu'à la côte. L'océan Austral est profond.

— Quatre à cinq mille mètres d'eau sous notre quille, me dit David le jour où je m'intéresse à la question. Il y a rarement plus de fond, sauf vers la fosse des Sandwich, à l'opposé de notre position actuelle, de l'autre côté du pôle.

Il paraît que l'océan Austral est jeune. Il s'est formé il y a trente millions d'années, lorsque l'Amérique du Sud et l'Antarctique se sont séparés. Ces durées que l'esprit n'appréhende pas sont saisissantes, m'a dit Cécile. Elle pense que ces immenses périodes de l'évolution terrestre et animale devraient nous amener à concevoir une citoyenneté écologique. La petite femme décidée ne désarme pas. Et je songe : des continents se séparent, notre monde apparaît tel que nous le contemplons, il vient du temps inconnu.

Cette formation du passage de Drake a permis l'énorme mouvement circulaire des eaux qui organise tout seul l'ensemble des flux parcourant la planète. Cent quarante millions de mètres cubes d'eau par seconde! s'émerveille Harry le technicien. Magnus sait conduire le navire sur ce mouvement aussi perpétuel que celui de la Terre. Le capitaine possède une sorte de divination, qui sent la glace et les vents, leurs nuances de force, de direction ou de température, et sa volonté devant la mer s'appuie sur ce discernement à la fois inné et acquis. Sur sa prudence aussi, celle du capitaine et celle de l'armateur.

— Cet océan-là réserve des surprises, dit-il aux volontaires qui ne doivent pas faire n'importe quoi. Il a des malignités soudaines que les marins connaissent.

L'explication suit :

— Des fleuves d'eau froide coulent dans ses profondeurs. Les contrastes de température entre la glace et la mer libre font naître des tempêtes cycloniques. Il ne s'agit pas de se montrer inquiet mais d'être averti.

Les jeunes écoutent le capitaine nimbé de sa réputation. L'océan Antarctique, ils y sont et ils en rêvent : les navires qui s'y risquent sont seuls en présence du froid, du vide et du danger. Ils sont de petits villages sur l'eau, isolés, séparés du reste du monde. L'eau baigne des milliers de kilomètres de côtes sans ports ni mouillages.

— Nous sommes au milieu d'un nulle part glacial que la pulsation annuelle de la banquise fait croître ou étrécit. Si notre navire y demeurait en hiver il serait broyé par les glaces en mouvement, conclut Magnus.

— Comme il est arrivé à Sir Ernest, me dit le docteur, qui parle encore de Shackleton.

Les noms des baies et des mers rappellent ceux qui nous ont précédés pour y mourir ou s'y couvrir de gloire.

— C'est un de tes compatriotes qui a conquis le pôle, dit le docteur. Amundsen.

Dans l'uniformité grandiose de ce décor qui nous impose lenteur et précaution, le temps ne se fractionne plus. Les vagues, les jours et les nuits passent, sans que l'on voie ni animal ni bateau. Nous connaissons des journées languissantes. Parties de cartes et de bras de fer, soirées de guitare, séances de coiffure ou de tatouage, glissades dans les coursives, les jeunes équipiers s'amusent avec les jeux de leur âge. Morgan et Anna organisent la vie à bord, entretien et réparations, tours de quart, manœuvres et apprentissage de la mer. Il est difficile de former un équipage tout en le faisant travailler. Un exercice d'évacuation révèle cette difficulté. La prochaine fois vous êtes deux fois plus rapides ! dit David. Flegmatique, il peut prononcer les vérités les plus dures et les ordres les plus compliqués d'une voix égale. Quand vous reconnaissez l'alarme, vous devez impérativement cesser toute activité, vous rendre dans votre cabine, prendre des vêtements chauds et votre combinaison de survie ! Vous oubliez toutes les procédures normales et vous vous rassemblez sur le pont intermédiaire, martèle le second capitaine à la troupe ahurie. Nous y sommes sur le pont. Il gèle.

— Ces combinaisons sont faites en néoprène, elles permettent de rester six heures dans une eau à zéro degré en maintenant la température du corps.

Il y en a une par personne. Ne vous inquiétez pas, nous avons bien compté ! dit Morgan avant de faire une démonstration.

Les combinaisons de survie ne se déplient pas comme elles devraient. Morgan secoue le sac carré dont les pressions ne s'ouvrent pas. La démonstration tourne au spectacle comique. Magnus ne rit pas du tout :

— Prenez garde à vous, dit-il, pour que nous puissions prendre soin des baleines. Si l'un de vous était gravement malade ou blessé, l'*Arrowhead* ferait demi-tour et l'océan serait livré à ses pilleurs.

Le même jour, une dépêche annonce que le militant écologiste Magnus Wallace est recherché dans tous les pays du monde. Sam, l'avocat qui suit toutes les affaires de Gaïa, nous a prévenus : l'incident avec le *San José* se poursuit, la mafia ne lâche pas, aiguillonne les gouvernements, qui font ensuite pression les uns sur les autres dans une longue chaîne d'intérêts réciproques. Sollicité, Interpol a publié une *notice rouge* à l'encontre du *terroriste* accusé d'avoir mis en danger la vie d'autrui, attenté à ses biens et entravé ses activités.

— Autrui qui tue impunément ! Surtout qu'on ne dérange pas ses basses besognes, proteste Lola.

Ai-je une part de responsabilité ? Filmer les ailerons sur les toits a-t-il envenimé les choses ? Je m'en inquiète.

— Tu as tort, me dit-elle, et de toute façon il fallait faire ce film.

L'information radiodiffusée confirme sans indignation. "Le célèbre capitaine, actuellement en mission dans l'Antarctique, est désormais le prisonnier des mers."

— Qu'est-ce que c'est qu'une notice rouge ? demande Charlotte Jauffret.

— C'est un avis de recherche international, dit David.

Les yeux des volontaires s'ouvrent grands.

— Ils découvrent le monde, s'amuse David.

— Ils se demandent qui ils ont suivi ! rigole Harry.

— Un bandit !

Il est bien temps de se le demander ! Ont-ils cru s'amuser ? me dis-je goguenard en regardant cette jeunesse soudain inquiète.

— Une notice rouge n'est pas un mandat d'arrêt, explique David, aucun pays ne peut être contraint d'arrêter votre capitaine. Aucun pays ne l'a jamais fait. Soyez rassurés. Une pétition européenne demande déjà pour lui le statut de réfugié écologiste.

L'affaire tourbillonnante fait impression sur les volontaires.

— Au boulot ! dit Morgan, Cécile réclame de l'aide en cuisine.

Le lendemain, l'équipe des Zodiac s'entraîne à mettre les embarcations à la mer. Allez ! Allez ! Qu'est-ce qu'ils sont lents ! Beaucoup trop lents ! se désespère Magnus qui observe la manœuvre. Mais il ne s'en mêle pas.

Les repérages n'apportent aucune information. L'hélicoptère a fait quatre survols sans apercevoir une seule baleine. Sur le pont l'attendent des équipiers déçus. Personne ne veut avoir la poisse, errer seul sur un océan désertifié. La détermination s'effrite, l'ambiance s'amollit. Hep là ! Pas de défaitisme. Lola motive les plus inexpérimentés à préparer les pièges à hélices. Il faut que le matériel soit prêt pour le moment où nous croiserons les baleiniers, dit-elle comme si cette rencontre ne faisait aucun doute. Les Zodiac couperont alors la route aux navires braconniers en laissant flotter dans l'eau ces sortes de martinets que nous fabriquons : portées par des petites bouées, de longues cordes auxquelles sont accrochées en plumeau des cordelettes plus légères, effilochées, capables de se prendre dans une hélice qui passerait sur leur amas. La stratégie a été mise au point : ralentir les bateaux de sorte que l'*Arrowhead* puisse les éperonner.

Le ciel est devenu bas et blanc, la lumière se tamise, la mer se forme, avec des levées de quatre, cinq mètres. Les vagues se fabriquent et se déploient. La suite du voyage sera agitée. "Avis de vent fort sud-ouest à sud, vitesse trente à quarante nœuds." Une houle s'est levée. La proue monte et descend comme si l'*Arrowhead* prenait son souffle, haletant sur la surface qui balance. Ses plongeons réguliers, qui jamais ne s'interrompent, installant leur mouvement perpétuel dans le grand mouvement océanique, figurent notre entêtement. L'océan s'ouvre en bouillonnant sous l'étrave, avalant le bateau par l'avant, l'enveloppant d'embruns, puis le laissant dégager ses ponts avant de recommencer à piquer du nez dans le relief mobile de l'eau, une eau de plus en plus sombre, pommelée d'écume et parsemée de blocs de glace. Inhospitalière, me dis-je en laissant tourner ma caméra derrière la vitre criblée de gouttes du poste de pilotage. Des flocons minuscules, durcis, fusent dans l'air glacial, et lorsque l'obscurité vient, elle est pleine d'aiguilles invisibles qui se déversent sur nous. Nous vivons dans l'eau du ciel, qui est dure et piquante. Il y a tant de vent et tant d'aiguilles que l'on peut à peine respirer. Magnus est constamment au téléphone avec la presse, parfois il crie, tempête, supplie, tandis que David maintient le cap, silencieux. Il paraît que l'*Embellie* suit sa route vers nous. Le vent hulule en rafales régulières. Le bateau avance en tanguant et en roulant, avec des petites embardées illisibles. Les jeunes volontaires croient mourir. La mer est assez grosse pour que les plus amarinés puissent avoir le regard fiévreux et le cœur soulevé. Ils dansent comme des pantins sur le dos de la houle. Chaque plongeon plus important du navire fait s'écarquiller leurs yeux. J'entends les commentaires de cette génération. Sympa le voyage ! On sera morts avant les baleines ! Je n'avais encore jamais eu le mal de mer, c'est pire que crever ! Des ruées d'écume balaient le gaillard d'avant. Il fait de toute façon trop froid pour demeurer à l'air libre. Quelques garçons sont assis la tête penchée au-dessus d'un seau ou d'une bassine. On espère que ça ne va pas durer ! disent-ils. Ceux qui sont venus pour s'amuser ne se réengageront pas.

Le vent a déplacé pour un temps l'édredon de nuages. Le soir s'empourpre. Une ligne de feu court sur l'horizon, qui joint le ciel et l'eau. Je peux voir très loin un iceberg découpé comme par un projecteur. La lumière rasante éclaire chaque relief sur la mer. C'est le meilleur moment pour aller en reconnaissance, le lever ou le coucher du soleil. L'hélicoptère s'élève encore une fois à la verticale pour survoler l'immensité apparemment déserte. Le vent qui siffle inquiète David mais le pilote estime qu'il peut voler sans risque. À la proue du navire bat le drapeau de Gaïa et la terre qui saigne semble une lune. Les lumières de l'appareil brillent un moment au-dessus de nous puis disparaissent. Rien! dit l'observateur volant quand il annonce qu'il rentre. Nous manquons de réussite. J'éprouve une impression de bricolage.

— La traque est toujours plus incertaine que l'éperonnage, répète Magnus en me souriant, tout le monde croit le contraire mais tout le monde se trompe!

Il veut dire qu'il connaît chaque recoin et chaque réaction de son navire quand il l'envoie contre un autre, mais que l'océan est immense, on n'en fait pas le tour. Tous les trois jours Harry et David sondent les réservoirs afin de surveiller les réserves de carburant. Nous sommes à sept ou huit jours de Melbourne et rester en panne sèche au milieu des glaçons serait dangereux et vexant.

Aux informations télévisées, sur une chaîne de Nouvelle-Zélande, nous regardons en quasi direct des images de pêche à la baleine dans la mer Antarctique! À combien de milles sont-ils de nous ces salopards? Le présentateur commente : les militaires, lors d'un vol de surveillance, ont localisé la flotte japonaise et pris ces images. En ce moment même le ministre de l'Environnement réagit à l'orgie sanglante : c'est une boucherie inacceptable.

— L'armée de l'air néo-zélandaise refuse de nous donner les coordonnées de la flotte de pêche, me dit Magnus qui a parlé avec plusieurs de ses contacts.

Les militaires craignent les batailles navales que provoque Magnus.

— Pas moyen de les faire parler cette année ! conclut le capitaine.

Nos réserves de carburant diminuent. Les icebergs agissent comme des leurres qui apparaissent sur l'écran du radar, déclenchent le branle-bas, et ne sont que les totems géants du sanctuaire. Ces jours de malchance découragent les volontaires. Certains commencent à penser qu'ils vont rentrer chez eux sans avoir trouvé les baleiniers.

— C'est déjà arrivé ! dit l'un d'eux. Il paraît que les braconniers opèrent maintenant sous la protection de leur armée nationale, ils disposent d'un système de satellite qui leur permet de suivre nos déplacements. Cela explique qu'on ne les rattrape jamais.

— Impossible avec ça de douter des soutiens économiques et politiques dont bénéficie l'industrie baleinière, dit Charlotte.

— Le Japon se moque d'être en contradiction avec l'opinion publique internationale, dit Magnus au téléphone avec un journaliste. Pêcher la baleine est devenu une question d'honneur ! Ne me demandez pas par quel mystère ! Cette grande nation use de sa puissance économique pour extorquer des quotas et se prévaloir de *permis scientifiques*.

— Et le navire de Noé ne répond pas à nos appels radio ! fait remarquer Philippe Busch que révolte ce refus de coopérer.

Les gens de Noé sont effrayés par nos méthodes. C'est du moins ce qu'ils disent. Le slogan de leur dernière collecte y faisait pourtant explicitement référence. Pour trente dollars par mois, mettez Noé entre les baleines et les harpons. Voilà bien de la publicité mensongère, pense Magnus. Et trente dollars par mois, pour la plupart des gens c'est beaucoup d'argent…

La jonction entre les deux navires s'est effectuée comme prévu. L'*Arrowhead* et l'*Embellie* naviguent ensemble sur des routes parallèles. Nous dépasserons bientôt les îles Balleny, au large de la terre de Victoria, pour entrer dans la mer de Ross. La visibilité est quasiment nulle. La glace est partout. Nous allons vite. Pas *trop* vite mais les novices pourraient se l'imaginer. Certains jeunes matelots sont saisis par le froid et l'inquiétude, comme si l'un suscitait l'autre. La coque s'est caparaçonnée de glace, semblable à une coquille fragile que le choc de l'eau pourrait briser. Le bastingage se couvre de stalactites. Les câbles s'enveloppent de neige glacée. Le pont, les escaliers, les passerelles, tout est glacé. Le matin nous cassons la glace au marteau. L'équipe de pont déblaie des paquets de neige à la pelle. Engoncés dans nos combinaisons de survie, gantés, encapuchonnés, nous pénétrons aujourd'hui dans notre zone de recherche. Mais il y a une grosse tempête devant nous. David fait stopper les machines. Nous attendrons que le temps s'éclaircisse. Nous allons vers le sud, le plus au sud possible.

Magnus sait où il va. La science des remous et des courants définit celle des déplacements de nourriture et cette logique immuable commande la localisation des animaux. Les proies sont prévisibles. Elles ont possédé le monde ancien qui était un vaste océan. Elles l'ont habité au commencement de l'éternité. Elles ont connu des poignées d'hommes ignorants et dispersés. Mais les secrets des mers sont percés, nous voilà qui les connaissons ! Nous sommes des milliards de prédateurs informés et malins. Voilà les bateaux d'acier et les armes à distance. Nul besoin d'une forêt de harpons dans leur flanc, les proies n'ont plus d'avenir. Nous avançons vers un point de convergence de nombreux courants. Tous les icebergs dérivent aussi dans cette direction. Là se concentrent les animaux. C'est ici qu'augmentent nos chances de rencontrer les baleiniers. Ils seront là où sont les baleines.

18

Le navire suit une ligne invisible dans la clarté du matin. Je filme à perte de vue l'immensité plate et de la tête des mâts l'absence de terre visible. C'est un jour de perfection limpide, à l'horizon transparent et traversable. L'air tumultueux de la veille est tombé et la houle s'est couchée avec le vent. Ici la météorologie s'amuse. Au brouillard et aux coups de vent a succédé un ciel bleu franc. Sa majesté indifférente semble suspendue au-dessus du froid. La paix de la glace, la plénitude du blanc, l'empreinte du silence, les mirages de la réfraction, la monotonie mélangée des luminosités tissent autour de nous l'envoûtement de l'Antarctique. Aux confins du monde vers le sud, défendue par les baisses extrêmes de la température, par les glaçons, les packs et la banquise mouvante, s'étend l'inhospitalité glaciale d'un territoire animal. Un des derniers sanctuaires. Sa démesure nous destitue. Nous sommes le siècle du désastre naturel, ce lieu intouché me le rappelle, je le respire et le contemple. Épris et méditatif, je cherche l'accord intérieur avec l'espace.

La mer de Ross couvre cinq cent mille kilomètres carrés à 75° de latitude sud et 175° de longitude ouest, dans l'océan Austral. Une couche de glace permanente en occupe la moitié sud, d'où s'échappent de nombreux icebergs qui dérivent sur une grande profondeur. Nous avons ralenti. À l'est s'ouvre la baie des baleines. Dans cet espace uni et hostile nous cherchons les braconniers. Depuis deux semaines les créatures soyeuses et métalliques sont demeurées invisibles, et introuvables les hors-la-loi qui les chassent. Nous les cherchons depuis dix-neuf jours, depuis six mois, depuis des années. Nous sommes les amants à la veille d'un duel, les chevaliers avant le tournoi. Nous chevauchons l'armée des vagues. Nous alertons l'âme fantastique des flots. Attention ! L'humanité est là qui veut ta peau, à tes trousses avec sa grande fureur de manger. Tes eaux nourrissantes se clairsèment. L'extinction menace. La grande ribote des milliards de péquenots, leurs papiers gras et leurs sacs plastique, leur pétrole et leurs acides, chaque kilomètre de leurs véhicules personnels ou de leurs charters, te dévalise et t'exténue. De ce pillage sans limite, la nature nous donne le spectacle : pas une seule baleine ! Nous guettons pourtant tout le jour les apparitions intermittentes de ces colosses qui sont comme les ornements dissimulés et mobiles de l'océan.

— On ne peut pas échouer, me dit Magnus dont le visage est concentré.

Gaïa a emprunté pour financer cette campagne. Chaque jour qui passe dilapide notre diesel pendant que meurent des animaux. Revenir bredouille, sans avoir rien vu, ni les proies ni les chasseurs ? Impossible ! Il faut faire battre en retraite les intrus avides, il faut reconquérir le territoire des baleines. Il faut leur rendre la paix d'un sanctuaire. Si nous ne le faisons pas, qui d'autre s'en mêlera ? demande Magnus aux bénévoles.

Et puis tout à coup elles sont là. Les baleines de Minke, les plus petites, les plus souriantes. Et les plus acrobatiques, dit Lola, qui pointe son index vers la muraille immaculée en direction de laquelle avance le navire. Dehors la lumière est accrue par la réverbération de la glace. Tout le monde est sur le pont. L'équipage se tait. Les volontaires rient de plaisir. Je reste tout près de Lola, nos épaules se touchent et nous ne parlons pas, pris dans l'émotion de ce contact avec les temps ancestraux. La Terre ancienne se rappelle à nous à travers cette espèce qui l'a connue. Ma liesse est intérieure, étouffée par l'éblouissement et la crainte d'effrayer le groupe de nageuses. Un banc d'animaux est monté respirer. Ils s'ébattent sous nos yeux. Leurs jets vaporeux fusent dans l'air blanc. Je vois un ravissement sur le visage du docteur F. Lorsqu'il détourne la tête et que ses yeux me sourient, je sais qu'il pense à ce qu'il m'a dit hier. Pouvons-nous vraiment être cette génération qui cherche dans l'univers la moindre trace de vie et en laisse disparaître la forme géante sur la Terre ? Serons-nous dans les livres à venir ceux qui n'ont pas empêché les massacres ? Ma caméra fixe sur la pellicule le visage du docteur, son émerveillement mélancolique et grave. Puis je scrute la surface de l'eau, elle change de couleur lorsqu'un animal affleure et s'apprête à sortir. Je suis tout entier dans mes yeux et je laisse tourner le film.

— J'ai toujours le cœur qui bat quand elles apparaissent, dit Cécile Duval montée de sa cuisine.

Cécile pense que tous les cuisiniers japonais devraient faire cette expédition une fois dans leur existence, au lieu de rester devant leurs fourneaux. Alors la viande de baleine, aussi exquise soit-elle, serait bannie de toutes les tables.

— J'ai les larmes aux yeux! Comme on se sent minable et coupable devant ces bêtes énormes et délicates, qui ne font de mal à personne!

— Tout le monde ici est amoureux des baleines, s'amuse un volontaire dont je n'ai jamais entendu le son de la voix.

— Comment ne pas l'être? Ces grosses chéries! dit Fabienne.

Les écologistes sont excessifs, ils sont restés des enfants. Leur engagement nécessite cette folie douce, cet amour démesuré et déclaré pour des êtres dont la nature les sépare mais qu'ils prennent en pitié. Magnus et ses engagements sélectionnent de grands romantiques.

— Je les aime comme ma famille, dit Anna.

Une baleine saute, qui réunit la puissance et la grâce, se déploie un instant sur le ciel ; ses nageoires dessinent l'image de deux ailes, puis le corps s'engloutit.

— J'aimerais en serrer une dans mes bras! soupire Fabienne.

Elle pense à ceux qui s'occupent des gorilles, des chimpanzés. Ils se font des câlins et des caresses. Les singes ont paraît-il d'extraordinaires mouvements de gratitude envers leurs sauveurs. Ils comprennent ce que ces gens font pour eux. Les baleines le savent aussi mais l'eau les sépare de nous.

— Je me demande jusqu'à quel point nous étions liés au monde autrefois et de quelle manière nous l'étions, me dit Morgan. L'homme n'a pas toujours eu un quartier-maître, il a vécu dans une condition proche de la bestialité.

— Il n'a pas toujours eu l'expression qu'il maîtrise aujourd'hui, c'est vrai. On a peine à se le représenter.

— Nous nous sommes éloignés comme d'un rivage... Et maintenant tout nous sépare de l'animal marin. La terre et la mer, le langage et le chant, tout est distinct. Plus rien ne nous permet de nous identifier à lui !

— Elles sont une magnifique énigme, commente Morgan en regardant le mouvement des dos et des queues qui percent la surface.

Les grosses bêtes danseuses caracolent, si étonnamment virevoltantes, laissant apparaître une nageoire, la découpe d'une queue, un dos brillant comme le pavé mouillé. Parfois leur corps entier jaillit, gainé dans la peau épaisse comme dans un étui ajusté, un volume oblong et ramassé, semblable à une torpille de gros calibre. Le dos est foncé, surplombé par le crochet noir de l'aileron dorsal, le ventre blanc, la gorge toute rainurée, la tête pointue, avec un petit rostre effilé qui semble presque espiègle. La peau goûte l'air puis l'animal rentre dans l'eau en faisant éclater une gerbe d'écume. Ce qui me frappe c'est l'apparente lenteur des mouvements, une grâce qui est inimaginable lorsqu'elle concerne un être vivant de cette taille.

— Rien qu'une dizaine de tonnes ! confirme Lola quand je lui en fais la remarque.

— Une dizaine de tonnes qui danse ! dis-je.

C'est le miracle de l'eau, la masse est allégée par la poussée qu'elle produit. Sur terre ces danseuses seraient étouffées par leur propre poids !

— Un ruisseau qui sourd dans l'herbe vaut le sourire de la Joconde, me souffle le docteur F, qui cite de mémoire.

Nous longeons le rempart de glace qui tombe à pic dans l'océan. Sans limite visible, à l'infini, l'entablement blanc poudroie sous la lumière, et la paroi verticale, en surplomb de l'eau bleu marine, semble taillée à coups de hache, pareille à un morceau de sucre glacé, aussi lumineuse qu'un diamant. Nos yeux contemplent ce grand front gelé, ses arêtes, ses aplats, ses ondulations mystérieuses, ses sillons, ses découpures. La glace a l'éclat d'un bijou et le mystère d'un être vivant. Tout l'équipage est arrêté devant ce miracle blanc dressé sur notre route comme une architecture naturelle somptueuse. Puis tout à coup l'alerte est joyeuse : le radar indique trois cibles. Leurs points lumineux sont entrés ensemble dans le cercle de l'écran. David calcule leur vitesse et leur direction. Il peut s'agir de simples morceaux de la banquise, d'une taille plus importante. L'hélicoptère s'envole en reconnaissance. La nouvelle tombe du ciel : ce sont deux icebergs et un bateau.

— C'est un très gros bâtiment avec un sigle rouge sur le côté droit, dit Harry en descendant de l'avion.

David parle aussitôt dans la radio :

— Navire non identifié, ici l'*Arrowhead*, nous nous trouvons à tribord, nous recevez-vous ?

Ils nous reçoivent, ils sont panaméens, ils pêchent à la palangre, ils n'ont croisé aucun baleinier dans le secteur. Les volontaires sont déçus. Tant de jours de malchance ! On finit par en avoir marre d'être là pour rien, se plaignent les plus velléitaires. Pourquoi on ne s'occupe pas de ces salauds qui traînent des lignes ? On chasse des fantômes ! Personne ne fait écho à ces découragements. Le ciel est en train de se plomber, devient de plus en plus foncé. Nous sommes à 78° de latitude sud, à cent milles de la côte antarctique. Les grands icebergs nous attirent et nous déçoivent. Et puis tout à coup, à côté d'un de ces leurres, une de nos cibles apparaît. L'hélicoptère décolle. Son pilote prend la radio : Je confirme que la cible au sud est le navire-usine baleinier *Kujira Maru*.

La poursuite s'engage. Voilà notre première chance d'agir. Au loin, dans la brume blanche qui flotte maintenant à la surface de la mer, se dresse le portique de poupe du grand navire. De belles falaises d'eau se forment derrière nous. Nous nous rapprochons de notre proie d'acier. L'énorme bâtiment avance vite. Sur son flanc, l'alibi fallacieux *Research* s'étale en lettres noires. L'étrave est un museau qui fouille et trace la route. À la proue, le canon-harpon est caché sous une grosse toile. Je filme le visage sérieux de Magnus pendant qu'il prend la radio pour prononcer les paroles rituelles : "Ici le navire *Arrowhead* et l'association Gaïa. Veuillez quitter immédiatement le sanctuaire et mettre fin à vos activités illégales. Vous enfreignez les lois de conservation. Vous êtes dans la réserve naturelle des baleines, sur le territoire antarctique australien, et vous violez le traité de l'Antarctique. Ceci est une action pour faire respecter la loi. Nous ne protestons pas. Nous vous demandons de rejoindre votre port d'escale le plus proche." Que d'obstination et de persévérance il aura fallu pour seulement se trouver en situation de dire ces mots à qui doit les entendre. Le grand navire ne répond pas. L'*Arrowhead* se rapproche. "Nous ne sommes pas Noé. Je répète, nous ne sommes pas Noé", dit Magnus. Je le vois qui enfile des gants et quitte le poste de pilotage. Dans l'encadrement de la porte, il se retourne et sourit à David :

— Dis-leur de rentrer chez eux sur-le-champ ! Sinon on leur rentre dedans.

C'est une simple menace impossible à exécuter aujourd'hui dans un océan qui de quart d'heure en quart d'heure se démonte. Quoi qu'en disent les adversaires de Magnus, il ne tente pas le destin, il mesure ce qu'il fait. L'eau verte, frangée de blanc, est trop agitée pour lancer une attaque. Les Zodiac ne seront pas mis à la mer. Ils ne pourraient pas avancer. Ils risqueraient de se perdre. Une neige en minuscules flocons durs s'est mise à tomber. Tout l'air blanchit. La visibilité devient mauvaise. Le ciel est un tulle au plumetis blanc. S'habituer aux revirements de la météorologie dans ce coin de la planète réclame une placidité et une souplesse qui ne sont pas communes. Magnus, que j'avais trouvé tendu pendant ces derniers jours, ressuscite tel qu'en lui-même, galvanisé par l'action, lâché sur l'étendue illimitée des eaux, aux ordres de sa conviction approfondie, aux trousses du vandalisme.

— Il paraît qu'ils ont peur de nous, me dit-il, et il faut que ça continue !

S'ils ont peur de nous, en tout cas cela ne se voit pas. Dans l'instant qui suit ces paroles confiantes, nous apercevons le mouvement du grand navire. Il change de cap et fonce sur nous.

— Merde ! crie un volontaire stupéfait, qu'est-ce qu'ils foutent ?

— Est-ce que nous sommes en sécurité ? me demande une jeune fille.

Je hoche la tête en souriant pour la rassurer.

— Je serais étonné qu'ils cherchent la collision.

Pourtant je ne suis pas certain de la tournure que prend cette rencontre. L'agressivité des chasseurs à l'égard des bateaux de Gaïa en Antarctique s'exprime par des actions concrètes. L'indulgence (l'immunité) dont elles bénéficient est même inexplicable. L'année précédente, sans hésitation ni état d'âme, un baleinier a coupé en deux notre meilleur intercepteur, un trimaran léger et rapide qu'un généreux donateur avait offert à Gaïa. À la suite de cette destruction violente, Magnus ayant alerté les médias, il était d'emblée suspecté de l'avoir coulé lui-même pour se faire de la publicité. Les films ont fait preuve mais la rumeur était lancée. Les mensonges trouvent toujours des oreilles, c'est une chose ahurissante. Comme si la malveillance des uns attendait la faute, même présumée, des autres.

Les bateaux se rapprochent. La coque bicolore du *Kijura Maru* enveloppé d'écume est une masse gigantesque dans l'eau, pointant puis baissant le nez comme un Culbuto. Le choc semble inévitable. À presque quatre-vingt-dix degrés, l'imposant bâtiment aurait toutes les chances de nous défoncer.

— Ils vont nous couler ! me dit la jeune fille terrifiée.

David maintient notre cap. Les secondes tombent dans le silence. Les trajectoires se rejoignent en un point imaginaire de plus en plus proche. Mais à cent cinquante mètres sur bâbord, brusquement le grand navire modifie sa route, dévie et vire pour fuir. Un moutonnement d'écume remue autour de sa coque qui pivote. Sur le pont de l'*Arrowhead* le soulagement délivre les visages. Les jeunes sourient puis se mettent à rire carrément. Certains exagèrent la scène, se tapant sur les cuisses, ils se moquent de leur peur. Magnus n'a pas dit un mot, son expression est restée impassible, ses yeux hypnotisent ceux qui le regardent. Il fait taire. Le *Kijura Maru* augmente sa vitesse à quinze nœuds et s'éloigne dans la lumière estompée qui confond le ciel et la mer en une seule vaste toile de bleu et de gris. Les crêtes blanches des vagues qui battent le navire zèbrent cette surface en mouvement. Nous sommes distancés. Magnus commande à l'*Embellie* de cesser toute poursuite. Laissons la proie s'envoler. Les recherches devraient reprendre quand l'équipage aura oublié l'émotion. Mais les réserves de carburant atteignent leur limite. Le retour s'impose. Cette campagne n'aurait été qu'une mission infortunée ? La déception s'installe à bord. Magnus scrute la mer et le ciel. Restez en alerte, dit-il aux volontaires. Le retour aussi est un chemin où l'on fait des rencontres.

19

Et le capitaine a raison. En pleine déconvenue, alors que les anciens réconfortent les novices sur la route de Melbourne, nous apercevons l'un des navires de la flotte qui est éloigné des autres. Il a suivi un banc d'animaux, pense Lola. Hourra ! crient les volontaires quand Magnus modifie le cap.

Occupé par une capture, le *Kaitei Maru* avance à vitesse réduite. À bâbord arrière, trois hommes sont penchés au-dessus du pavois, serrés les uns contre les autres et occupés à tirer de l'eau la bête qu'ils ont harponnée. Ils ne quittent pas des yeux le gros animal qui agonise en roulant sur lui-même. Ils attendent que cette force de la nature s'abîme dans le néant. Renversé sur le dos, exhibant la blancheur de son ventre, l'énorme corps se débat dans une hémorragie formidable. La corde, qui tressaute, se tend et se relâche, l'a attiré contre le flanc du navire et le retient à demi immergé, contribuant à l'asphyxier parce que son évent est maintenu sous l'eau. Planté loin de la tête, à la racine de la queue, le harpon déséquilibre la flottaison naturelle. Le grand triangle de la caudale frappe des coups sur l'eau. Une nappe de sang que les vagues dispersent entoure ce combat solitaire.

Quand finira cette agitation de l'énergie vivace qui cherche à perdurer dans la chair, les pêcheurs cueilleront leur butin ensanglanté. Il faut fatiguer cette puissance immense avant d'espérer haler à bord le corps qu'elle habitait.

— Autrefois, avant les navires-usines, pour éviter de les perdre en mer, on gonflait les carcasses comme des ballons, dit Lola. On insufflait de l'air dans leur abdomen avant même que les animaux soient morts.

— C'est monstrueux, dit Charlotte Jauffret entre ses dents. Ces types sont des criminels qui devraient pourrir en prison jusqu'à la fin de leurs jours !

Comment on ose tuer illégalement, à l'intérieur d'une réserve, des spécimens d'une espèce en voie de disparition, la jeune Française est incapable de le comprendre. Le profit, la tradition, la fierté nationale, l'inconscience, rien n'excuse ces trois crimes en un seul. Agir à la fois contre la loi et contre la vie, méthodiquement, sans se cacher, pourquoi sommes-nous seuls à nous en indigner ? Les gens ont-ils donc tant d'autres choses à penser qu'ils oublient ça ?

— Ils ont beaucoup d'autres soucis, il faut l'admettre !

— Et pourquoi le dégoût devant une telle masse de chair morte ne leur donne-t-il pas envie de vomir ? Un cadavre d'un poids pareil, c'est répugnant, dit Charlotte en se cachant les yeux.

— Je veux toute la puissance, demande David à Harry.

— On sort tout ce qu'on a ! dit Magnus, les fumigènes, les pièges à hélices, les bombes d'acide butyrique.

Cette liste d'armes minables ne manque jamais de me faire sourire. Nous sommes des branquignols, inspirés certes, mais des branquignols. Des bricoleurs.

— Je t'ai vu ! me dit Lola à l'instant où ma bouche esquisse un sourire. Ce n'est pas du bricolage, dit-elle, c'est de la légalité. On ne fait pas de mal, on ne sort pas les fusils, on sort des odeurs, des ficelles, des petites frayeurs. On encombre, on dérange !

La vraie force c'est de ne pas tuer, m'a souvent dit Magnus. L'attaque est lancée. Depuis l'hélicoptère où me conduit le pilote, je filme les mouvements des deux navires. Puis l'appareil se pose sur la plateforme arrière et je demeure sur le pont. L'*Arrowhead* est un peu plus rapide que sa cible. Nous nous rapprochons de façon perceptible. Les deux poulies, à bâbord et tribord, pivotent vers l'extérieur. Les Zodiac s'élèvent dans l'air avant de descendre le long des flancs de notre bateau. Les équipiers ont enfilé leurs combinaisons de survie. L'eau est grise, blanchie par les glaces flottantes, hérissée de petites crêtes mobiles. Fragiles et légères, minuscules sur la surface uniformément agitée, les deux embarcations à moteur filent à vive allure, rebondissent sur des gerbes d'eau, s'éloignent en direction du baleinier. Les paquets de cordes des pièges à hélices sont entassés aux pieds des membres de l'équipe chargée de les jeter à l'eau. Leur ballet s'engage. Chaque dinghy circule comme une mouche attirée par un aliment, tournoie autour de l'énorme bâtiment, s'approche hardiment, s'éloigne, y revient. Il faut virer devant la proue, couper la route devant l'étrave. Philippe balance par-dessus bord les effilochements de cordes accrochés aux flotteurs.

— Si on ne chope pas l'hélice, c'est qu'il est protégé, murmure Lola qui observe, appuyée contre le garde-corps.

Le Zodiac remonte sur l'eau le long du flanc de métal, haute paroi lisse au-dessus de lui, puis il pivote à la poupe, guette le passage des flotteurs qui auraient échappé à l'hélice, les récupère et repart vers la proue. Au-dessus de ce manège, sur le pont de leur navire, les baleiniers ne restent pas inactifs. Ils manient un canon à eau avec lequel ils arrosent les Zodiac. C'est la guerre de l'Antarctique. Une petite guerre avec de petites armes ? Rien n'est moins sûr quand les colères se retiennent. Magnus suit le ballet aux jumelles pendant que David tente de joindre par radio le bateau de Noé qui croise dans les parages et pourrait venir en renfort.

— Pas de réponse, dit-il sans surprise.

Les équipiers d'un des Zodiac lèvent les bras en l'air : Victoire ! l'un des pièges enfin s'est pris dans l'hélice. Et de fait notre cible ralentit. David amorce sa manœuvre d'approche. Les deux navires sont à vingt mètres l'un de l'autre. En prenant de l'élan, nos volontaires lancent les grenades fumigènes sur le pont d'équarrissage du navire-usine. Ce sont des sortes de bombes puantes dont la fumée s'infiltre partout et gâche la viande.

— Plus moyen de remonter une baleine pendant plusieurs jours après ça, jubile Morgan.

Dans leurs combinaisons blanches, les silhouettes courtaudes des baleiniers courent sur le pont du *Kaitei Maru*. Deux hommes se penchent à l'arrière pour essayer d'apercevoir ce qui bloque l'hélice : quelques cordelettes émergent à la surface de l'eau.

— J'ai prévenu l'équipage qu'on va taper ! dit Morgan à Magnus.

— Dans quatre minutes on est bons, évalue David.

Dans le poste de pilotage, en dessous de celui du radar, un écran d'alarme est au rouge. *Collision warning!* Les deux mots clignotent au centre d'un rectangle de verre. Les équipiers se cramponnent dans l'attente du choc. Voir le *rostre* en action est un moment d'allégresse et d'inquiétude. Percera-t-il ? Magnus calcule le meilleur angle de frappe pour se montrer efficacement agressif sans mettre les hommes en danger.

— Pour arrêter ces braconniers, nous devons avoir recours à des actions agressives. Nous allons procéder à une arrestation citoyenne, dit-il devant ma caméra.

— On va le heurter à onze nœuds, annonce David.

La silhouette de l'*Embellie* approche dans la brume. Nos coéquipiers sont sur place. Cette année nous sommes deux navires et chaque année nous serons plus nombreux, voilà le message destiné aux chasseurs. Ces crétins qui ne savent pas ce qu'ils font ! Pourraient-ils réfléchir quand ils nous voient les poursuivre jusqu'au bout du monde pour les empêcher de chasser ? Nous voulons produire en eux ce revirement de perspective. Quel est l'animal précieux qui est ainsi ardemment défendu ? Putain ! dit Magnus, quand se poseront-ils cette question ? Il faut que le spectacle de ces batailles navales secoue les esprits. C'est tout ce qui peut être fait. Ensuite nous gagnerons à la télévision.

— Tout est installé ? me demande Magnus.

Deux caméras fixes ont été placées de sorte à multiplier les plans.

— On est parés, lui dis-je.

Nous y voilà. Dans un mouvement de glisse à la fois lent et rapide, poussées par une force invisible comme enfermée en elles, les deux masses métalliques se rencontrent. Le bruit des tôles qui se cognent puis se frottent l'une contre l'autre est un étrange gloussement de l'acier. Une légère inclinaison du pont est perceptible : sous l'effet de la vitesse, l'*Arrowhead* s'élève en grimpant sur le *Kaitei Maru*. Les jeunes équipiers surpris par le déséquilibre retiennent un cri d'inquiétude. La rambarde du baleinier plie sous notre avancée. L'*Arrowhead* charge comme si rien n'entravait sa route : il entre dans du beurre. Les chasseurs se sont cachés. Sur la passerelle, leur capitaine lève les bras en l'air, affolé. Machine arrière : David nous désengage. Coup de barre : l'*Arrowhead* s'aligne. Les deux navires s'accolent, tribord contre bâbord dans des grincements continus. Nous nous écartons lentement. Un angle s'ouvre depuis le sommet des deux proues qui se touchent, de moins en moins aigu au fur et à mesure que les poupes se séparent. Le rostre ne perce pas pour couler mais pour renvoyer au port le plus proche, en général sous surveillance, les militants de Gaïa s'efforcent de le faire comprendre.

— Ils ont une voie d'eau au-dessus de la ligne de flottaison, dit David.

— Le groupe d'animaux qu'ils poursuivaient a disparu, me dit Philippe qui fouille la surface de l'eau.

Le *Kaitei Maru* a stoppé ses machines.

L'opération médiatique prend le relais de l'action physique. "Nous sommes à huit jours de Melbourne, dans la mer de Ross. En conformité avec la Charte des Nations unies pour la nature nous venons de mettre fin aux activités de pêche illégale du *Kaitei Maru*. Nous demandons aux gouvernements de l'Australie et de la Nouvelle-Zélande de soutenir cette arrestation", dit le communiqué de presse que transmet Magnus. L'*Embellie* s'est positionné pour empêcher toute tentative de fuite. Je filme les trois bateaux immobiles au milieu des débris de glace qui flottent dans l'eau verte. Hélas ils resteront seuls. Aucune police ne viendra escorter les chasseurs jusqu'à leur port d'attache. Aucune juridiction ne les poursuivra. Les instances concernées s'abstiennent. C'est une déception, un étonnant désaveu : personne ne soutient notre action. Aucun gouvernement, aucune police maritime, aucune association écologiste ne répond à notre appel. Les journalistes relaient l'information, prodiguant du spectaculaire et de l'effroi : "Trois navires, moteurs stoppés, en plein Antarctique, tel est le nouveau visage de la guerre des baleines." Les politiques restent muets. Le bateau de Noé n'apparaît pas à l'horizon pour nous seconder.

— Ils ne sont pas loin, pourtant ! se plaint Multicolore qui, par la radio, a parlé avec leur capitaine. Il me soupçonne de le balader quand je lui donne les coordonnées de notre cible !

— Parce que c'est ce qu'il ferait à ta place, dit Magnus.

Nos frères ennemis se désintéressent de notre engagement. Je songe au monde que le paysage alentour éclipse de notre imagination. Ici le silence, l'infinie féerie de la platitude, les glaces flottantes, les spasmes de la mer, là-bas les buildings et le grouillement des transhumances quotidiennes. Ici l'attente solitaire, là-bas l'agitation furieuse. À la même heure, dans le même système solaire, les pieds posés sur la même Terre, les gens vivaient. Ils parlaient, s'aimaient, se nourrissaient, regardaient la télévision, allaient au cinéma, au théâtre ou au concert, dormaient. Ils marchaient sur des chemins de terre ou roulaient sur des autoroutes, partaient en voyage, faisaient leur job ou croyaient le faire, sans se préoccuper d'autre chose que de leurs propres existences. Des négociations internationales capotaient. Des écologistes étaient muselés au sein même de leur gouvernement, ou bien devenaient inexplicablement conciliants. Des multinationales agissaient contre l'intérêt commun. La grande indifférence était victorieuse. La presse d'ailleurs révélait l'ouverture du chantier de la route qui traverserait bientôt l'Arctique. On rappelait les débats et les impasses qui avaient jalonné la discussion autour de ce projet avant tout commercial. Les défenseurs des glaces polaires n'avaient pu l'empêcher. Le rôle consultatif des commissions était-il à modifier ? Celle qui agissait pour la défense de l'Antarctique n'avait pas trouvé une unanimité pour élargir les sanctuaires du Sud. La Commission baleinière internationale avait échoué cette année encore à interdire la pêche scientifique. Une réflexion politique s'amorçait à partir de l'écologie profonde, nous en parlâmes pendant le dîner. Quelles instances fallait-il créer pour faire entrer le respect de la Terre au cœur des machines décisionnelles ?

— C'est la grande question ! disait Magnus. Les intellectuels proposent d'accroître la représentation démocratique, de faire entrer les ONG dans les gouvernements. Mais quelles ONG ?

Je voyais bien que le capitaine craignait les choix de dupes, la corruption, le pouvoir donné aux organisations conventionnelles et modérées qui n'effrayaient personne.

— Ah, la parlote contemporaine! rigola Harry en s'étirant.

Les moteurs étaient stoppés depuis la veille. L'océan était comme gelé dans son calme. Pourtant les événements s'emballaient. À moins d'une centaine de milles de notre position, un incendie s'était déclaré sur le *Kujira Maru*. Le journal télévisé néo-zélandais diffusait les images du gigantesque navire-usine surplombé d'un nuage de fumée noire.

— Tu vois quelque chose? demandait David à Magnus qui, ses jumelles de marin devant les yeux, balayait l'horizon.

Une journaliste bien coiffée, femme-tronc assise derrière un grand bureau, s'appliquait à lire sur son prompteur. *Immobilisé sur l'océan le plus redoutable du monde, l'équipage lutte contre le feu qui s'est déclaré dans les cales*.

Nous nous amusions des formules toutes faites, de ce ton alarmé qui ne recouvrait que l'indifférence. La saison de pêche japonaise était perdue, nous arrosâmes cette nouvelle. Le *Kaitei Maru*, machines arrêtées, réparait son hélice à trente mètres de nos rires.

— Leur harpon est intact, s'inquiéta cependant Magnus qui pensait à toutes les éventualités.

20

Dans l'aube australe, délaissée par les vents, une brume stagne au ras de l'eau, par endroits s'élève en échevellements pelucheux qui s'allongent et lèchent la surface. Sous la couverture de vapeur blanche la mer par intermittence se dévoile, lisse et nue comme un ventre qui paisiblement respire. C'est le calme blanc, qui est cette sorte de météorologie sans vent que maudissaient les équipages aux temps de la marine à voile. Et c'est étrange de voir ce grand plat venu sur l'océan tourmenté. On regarde l'immense perspective diaphane en scrutant le grain à venir. En somme, nous guettons les sauvageries de la mer quand celles de l'homme bientôt nous assailliront.

Il est six heures du matin. Le ciel sort de la nuit et s'ouvre à la lumière, crevé on ne sait où par l'éclat matinal qui l'envahit. Le soleil blanc derrière des moires de nuages ne chauffe pas les choses et donne au monde matériel un air fantomatique et glacé. Magnus a repéré deux groupes d'animaux attirés par notre conciliabule de navires. Elles viennent nous regarder ! dit Lola que cette sociabilité émerveille. Le grand mammifère éprouve décidément une attraction instinctive pour les visiteurs qui la méritent si peu. Voilà ce que pense le capitaine qui craint que cet élan ne leur soit fatal. Un tir des baleiniers n'est pas exclu, l'expérience l'a prouvé, même en panne ils chassent encore.

— La curiosité est un vilain défaut, murmure Magnus. On va descendre.

— Allons tout de suite les faire décamper, dit Philippe.

En quelques minutes l'équipe prépare un Zodiac. Philippe et Magnus prennent place dans l'embarcation qui descend sans cogner contre la coque. Ronflement de moteur qui démarre, léger envol de l'avant, le bateau s'éloigne dans des jaillissements d'écume.

Et tout de suite je crois revivre une scène. Mon esprit reforme l'expression "bouclier humain" et sa signification se concrétise. La réalité rejoint une image. Le présent rejoue le passé. Magnus est debout à l'avant du canot qui flotte au milieu du banc. Philippe tient la barre du pneumatique. Les dos argentés affleurent, disparaissent et reviennent, comme en un chevauchement de la mer. Ils fuient en filant vers la proue du navire baleinier. Magnus a vu juste. Sur la plateforme avant du *Kaitei Maru*, deux hommes sont au canon-harpon. L'un d'eux lève les bras pour prévenir qu'ils vont tirer. L'engin est chargé, les ailettes repliées du harpon sont prêtes à jaillir. À son tour Magnus se déploie, il ouvre ses bras en V au-dessus de sa tête, et ce geste dit qu'il est là et qu'il ne bougera pas. J'ai l'impression affreuse qu'il offre son torse au harpon. Le chasseur vise sans tirer, attend, hésitant et précis, puis c'est l'autre qui prend sa place et manipule le canon qui pivote facilement sur son axe. Les animaux sondent. La panique les oblige à respirer plus souvent, ils n'ont pas le temps de prendre leur air, les voilà déjà qui remontent. La flèche d'acier les cherche, oscille, quelques degrés à droite, à gauche. La mer étincelle par intermittence. Les animaux dépassent le canot qui accélère aussitôt pour rester entre les bêtes et le bâtiment. Non ! crie Morgan qui a déjà compris que ce mouvement sera dangereux. Le coup de feu a claqué. La détonation nous parvient affaiblie par la distance et l'air chargé d'humidité. Le canot a rattrapé le banc. Le flagelle blanc court derrière la pointe qui traverse l'espace vers la cible. Et c'est Magnus qui disparaît dans une explosion de sang, déchiqueté par la charge explosive, emporté dans l'eau, coulant à pic entraîné par le poids du harpon. La corde blanche tombe du grand navire jusqu'à la surface de l'eau qu'elle traverse pour disparaître dans les profondeurs. Les animaux nagent devant. Une seconde flèche frappe en plein flanc une femelle qui pousse un cri aigu. Philippe a coupé le moteur et roule dans l'eau. Lola s'est évanouie. Des volontaires hurlent, courent, s'agrippent à la lisse, demandent ce qui s'est passé, ne croient pas à ce qu'ils se disent. La panique habite le pont de l'*Arrowhead*.

— On se calme ! hurle David aux jeunes volontaires, et je vois que lui-même se calme en criant.

J'entends dans ma tête le leitmotiv de Magnus : Filme ! On gagnera à la télé ! L'obligation se mêle au supplice et je persévère à glisser le réel dans la boîte de l'éternité. Le docteur F fait boire Lola. Les bénévoles restent hébétés, tous penchés par-dessus le garde-corps, les yeux fixés sur le Zodiac vide.

On dirait que le navire japonais s'est imperceptiblement éloigné. Le clapot de l'eau s'est accru. Philippe a disparu, Magnus reste invisible. L'épaisseur de brume s'est décollée de la surface. La baleine harponnée fouette avec sa queue l'eau que le sang rougit. Sur le pont un chasseur montre du doigt ma caméra. Les chasseurs sont en colère. Je filme malgré la distance. Le deuxième Zodiac est à l'eau, conduit par Harry. Je le regarde minuscule s'éloigner vers l'imposante muraille d'acier. Le docteur F est à bord de l'embarcation légère. Allez! Allez! Anna et Fabienne pleurent en silence des petites larmes qui gèlent sur leurs joues. Lola se tient debout à mes côtés, muette, revenue de la désolation. De temps en temps, je sens sa main qui caresse ma manche puis un sanglot interrompt ce mouvement régulier.

— Magnus s'attendait à mourir, comme un écologiste devenu trop gênant, mais je n'y ai jamais cru, me dit-elle.

— Ils l'ont tué! pleure Anna comme brusquement saisie par l'évidence.

— Putain, combien sont-ils? jure David.

C'est une foule qui semble grouiller sur le pont du baleinier. Beaucoup travaillaient dans les cales, jamais nous n'avions réalisé que l'équipage était si nombreux.

— Je ne vois rien! s'emporte le second. Qu'est-ce qu'ils font?

Des bras se lèvent et retombent, des hommes courent dans tous les sens. Seuls ceux qui s'intéressent à la baleine suivent la marche habituelle des choses. Est-ce un camouflage? N'ont-ils pas vu qu'ils ont harponné un homme? L'explosion s'est produite en trois secondes!

David a lancé un appel de détresse, réclamé la police maritime ou l'armée.

— On peut inventer n'importe quoi ! pleure Fabienne, il faut qu'ils arrivent immédiatement. Avarie, panne de moteur, incendie dans la chaufferie… tu as dit tout cela ?

— J'ai dit “meurtre”, répond David.

— Il faut les arraisonner en attendant les secours, dit Lola.

Pendant que nous parlons, notre Zodiac est écrasé sous les trombes d'eau que lui balancent les baleiniers.

— Ils n'arriveront à rien, dit Lola en regardant nos équipiers qui renoncent, récupèrent Philippe et amarrent son canot pour le remorquer.

Aucun bateau ne répond à la radio ! Je contemple le grand cirque de la mer déserte autour de notre bataille. David s'adresse au capitaine du *Kaitei Maru*.

— Veuillez laisser notre médecin monter à votre bord. Nous filmons ce qui se passe sur votre navire.

La radio demeure silencieuse. Une cheminée fume sur le baleinier.

— Qu'est-ce qu'ils foutent ? Ils brûlent de l'huile ? Filme, Gérald, filme tout ce que tu peux.

— Nous allons vous aborder ! annonce David dans l'appareil.

David et Multicolore se coordonnent pour faire tenaille. L'*Arrowhead* entame sa manœuvre. Sous mes pieds le pont frémit. La proue pivote vers sa cible. Nous avançons en prenant de la vitesse. Au loin j'aperçois l'*Embellie* en mouvement.

— La moitié de ces criminels avec nous, la moitié sur l'*Embellie*, je vais obliger l'équipage à quitter le bateau et je le coulerai sur-le-champ ! dit David un peu plus tard, comme si le silence réclamait ses déclarations.

Trois coups de notre sirène retentissent comme le tocsin. L'*Arrowhead* bondit à travers l'eau vers le flanc du baleinier. Une vague nous précède, s'élève entre les bateaux tel un mur d'eau. Nous tapons à bâbord avant, juste derrière la plateforme du canonnier. Les coques se cognent. Les tôles hurlent un crissement de métal. Les plats-bords du baleinier s'écrasent et s'arrachent sous notre avancée. L'*Arrowhead* se fige comme en suspens dans son mouvement ascendant. La sidération a saisi l'équipage japonais. Un coup de feu claque et un cri le prolonge.

— Ils nous tirent dessus ! dit David.

Quatre silhouettes noires cagoulées nous tiennent en joue. Voilà pourquoi Magnus avait fini par vouloir des armes à bord. Les beaux principes perdent devant les salauds. Un claquement à nouveau traverse l'air, puis le sifflement d'un objet qui vole, puis un terrible fracas de métal à quelques mètres de moi.

— Baissez-vous ! ordonne David de son poste d'observation.

Un couteau de dépeçage survole la tête de Lola. Un autre atterrit aux pieds de David.

— Tout le monde se baisse ! répète-t-il.

Agenouillés, nous ne voyons pas manœuvrer le *Kaitei Maru* dont les plongeurs ont libéré l'hélice. Le navire fonce droit sur l'*Embellie* en visant sa section centrale plus vulnérable. Occupé à se positionner, Multicolore n'a pas prévu cette attaque. C'est une ultime intimidation : au dernier moment le baleinier vire de bord. Je le vois s'éloigner sur la mer souveraine et blessée. Nous ne le prendrons pas en chasse. David fait un signalement aux polices maritimes. L'équipe du Zodiac est à bord.

— Ils ont laissé la baleine, dit Lola.

Ce sont les dernières paroles que j'entends avant longtemps. Un accroissement de silence se fait sentir autour de nous. Et le deuil terrible, l'angoisse tombent comme une poix, emportant dans la détresse le navire et l'équipage sonné par la rapidité de l'événement.

Pareille à elle-même depuis l'origine de nos siècles, la mer n'exprime rien que l'immensité du monde et l'éternité des choses qui le composent. Nous sommes ce qui passe vite, et vite nous venons l'oublier sous ces horizons lointains, comme si la glace figeait le temps et la chair dans un moment extasié de vie intense. Les illusions accompagnent la vie en mer. Maintenant la surface de l'eau se marbre de traces écumeuses. Invisible, la grande baleine morte abandonnée par ses chasseurs descend vers les profondeurs de l'océan Austral. L'énorme bête rejoint son défenseur. Celui qui ne connaissait que son combat, qui dominait la vie et semblait au-dessus de tout, descend dans les grandes obscurités du dessous, jusqu'à sa tombe mouvante, liquide et glaciale. *Le corps du capitaine Magnus Wallace, disparu en mer, n'a pas été retrouvé. Depuis de nombreuses années cet écologiste jusqu'au-boutiste luttait contre la surpêche et le braconnage, il était recherché par Interpol*, annonceront bientôt les informations télévisées de Nouvelle-Zélande.

Pourquoi ne dit-on pas : “Alors qu’il protégeait un groupe d’animaux, le capitaine Wallace a été harponné par les braconniers qu’il poursuivait dans l’océan Austral, son corps n’a pas été retrouvé ?” Parce que les preuves sont encore dans la boîte. Et ai-je la preuve qu’il s’agit d’un crime et non d’un accident ?

— On ne sait pas ! a hurlé Fabienne Roux, perdant la tête dans le silence du soir.

L’*Arrowhead* décapité est un vaisseau fantôme. Observer les baleines estompe et adoucit le monde matériel : jamais la bande de jeunes défenseurs des animaux n’a deviné la violence de ceux à qui elle s’attaquait. Rentrer au port comme nous le faisons, sur un bateau couvert d’impacts de balles, nous le rappelle. Magnus se réjouirait d’une telle opportunité médiatique. Il claironnerait : Qui sont les criminels ? Dites-le-moi encore une fois !

Et il ferait sa publicité.

Notre rôle est de provoquer des incidents. La presse en est friande. Nous sommes des empêcheurs de piller en rond. Faisons le cirque, nous sommes les victimes. Dans quelques jours nous arriverons à Melbourne. David demandera une enquête. Je livrerai les documents à la police et aux médias. Je me sauverai, j’emmènerai Lola.

Et pour l’instant, dans le silence de mort, je m’engage à écrire qui fut Magnus et ce qu’il fit. Je donnerai à lire et à penser l’hommage que méritent ceux qui offrent leur existence à la Terre.

ÉPILOGUE

La maison de ma mère à K, j'y retourne. Il faut faire ses deuils dans le silence du monde, rejoindre les lieux où nous sommes capables d'affronter la perte. J'ai livré à la télévision anglaise la mort de Magnus, cachée dans les images. J'attends l'indignation du monde. Ils visionneront les bandes. Ils y découvriront quelque chose ! Le meurtre d'un homme peut-il disparaître derrière le sang qu'il verse ? L'énormité de cette éventualité m'a poursuivi plusieurs jours. Aujourd'hui je reviens à mon berceau, là où mon père ramena celle qu'il avait épousée. K : Kristiansand, côtes de Norvège, au sud-ouest des trois grands ports baleiniers de la côte méridionale. C'est là que mon grand-père travaillait, à Larvik, pendant les dernières grandes heures de la pêche. Le comté de Vestfold était devenu riche. Un chasseur de phoques de Tønsberg, ville voisine, avait eu l'idée de remplacer le harpon à main par un canon projetant un harpon à grenade retenu par un long câble. L'industrie baleinière prospère venait de naître. Les hommes partaient à la fin de septembre. Rassemblés au Cap, ils ralliaient l'Antarctique où ils chassaient jusqu'au premier jour d'avril. Puis ils rentraient dépenser leur paie au pays. Parfois ils aidaient aux champs. Chez nous la ville et la campagne savent encore s'emmêler, les vallées sont mouchetées de lacs, les rivières traversent des forêts denses et la terre est mariée avec la mer. Nous sommes le pays de ces alliances. Peut-il redevenir mien après que l'immense cercle de la mer m'a captivé ? Les chantiers navals et les pêcheries font vivre les villes que je connais. Les Norvégiens auront adopté le canon-harpon et la pisciculture. À cela je mesure la métamorphose du monde que représente si bien mon enrôlement à bord de l'*Arrowhead*.

La maison de ma mère, avec son toit en triangle, son bois peint en ocre, ses pilotis, elle s'ouvre sur l'eau, elle tient sur l'eau, elle écoute l'eau. C'est une petite maison de pêcheur, elle a son grand congélateur plein de saumons et de morue. J'y retrouve les objets qui peuvent nous attendre plus longtemps que nos amis. Les harpons de mon grand-père sont au mur et les fleurs que peignait ma mère couvrent les boiseries des portes et des armoires. Mon père collectionnait les vieux outils. Je décroche un harpon. Les mains des chasseurs en ont aminci le manche et les chasseurs sont morts depuis longtemps.

Sur la table, Lola a posé le plat de harengs et d'anchois macérés. En goûtant leur saveur aigre-douce, je pense à Cécile Duval et ses menus végétaliens. Que de foi ! Que d'engagements chez les volontaires ! La détermination est une qualité qui se lit dans le moindre choix d'un homme.

David m'écrit que Morgan et Harry surveillent les réparations sur l'*Arrowhead*. Mes remémorations m'accaparent. La mafia de l'aileron a-t-elle payé des tueurs ? Je tourne autour de ce qu'organise cette pensée. Le *Kaitei Maru* nous a-t-il à dessein laissés le rattraper de sorte à mener cette mission ? Sommes-nous tombés dans son piège croyant attraper celui qui nous attrapait ? Une intention était-elle cachée dans le tir ? Aurons-nous jamais les réponses ? L'enquête stagne, a dit David quand je l'ai questionné. Puis plus tard : Ils concluront à l'accident ; d'ailleurs c'est peut-être la vérité. Je marche. J'arpente les ruelles de Posebyen, c'est le nom de la vieille ville, où les maisons de bois sont toutes peintes en blanc. Je pars à bicyclette sur la route de la mer du Nord. Lola pleure dans le vent qui nous attrape. Des myriades d'îlots rocheux s'égrènent le long de la côte. À Haugesund, je vais revoir l'église qui domine l'étendue de l'eau verte et grise. L'herbe grasse entoure la chapelle et les hautes croix de bronze se dressent sur le fond du ciel. Nous restons immobiles dans ce décor. La mort devient le monde, son destin, sa seule réalité. Je voudrais que le nom de Magnus soit inscrit sur une croix au-dessus de l'océan.

Il faudrait sept terres pour que neuf milliards d'humains vivent comme aujourd'hui le font les habitants des pays développés. Où trouver sept terres ? me dis-je en commençant à écrire le portrait de l'homme qui se posait ce genre de question, pas pour en plaisanter ou le déplorer, pas pour hocher la tête et laisser tomber, mais pour transformer les choses. Magnus, fils de la Terre et des hommes. Je m'assois devant la fenêtre. Lola enroule ses bras autour de mon cou, colle son ventre contre mon dos, c'est ainsi que l'on vient aimer ceux qui écrivent à une table. J'embrasse le dos de sa main posée sur ma poitrine. Il pleut.

Oui l'eau est mariée à ce pays. Je vois par la fenêtre des enfants en ciré rouge qui marchent vers l'école. Chacune de leurs bouches gonfle un petit nuage de vapeur blanche. Et la pluie traverse ces nuages. Voici l'encre qui coule aussi. *Avant de m'asseoir pour consigner cette histoire, je l'ai vécue. J'ai vu se lever l'activiste et croître sa détermination.*

Achevé d'imprimer en octobre 2016 par Normandie Roto Impression s.a.s. 61250 Lonrai sur papier fabriqué à partir de bois provenant de forêts gérées durablement pour le compte d'ACTES SUD, Le Méjan, Place Nina-Berberova, 13200 Arles.
Dépôt légal 1re édition : novembre 2016
N° impr. : 1603155
(Imprimé en France)